키보다 커 보이는 남자 스타일

키보다 **커** 보이는 **남자 스타일**

이현범 지음

중앙 books
JoongAng Ilbo

스타일, 그 가치 있는 도전을 응원하며

또 하루를 살면서 내 자신에게 묻는다.
"가치 있는 일을 하고 있는가?"
그러면서 또 묻는다.
"과연 남자로서 가치 있는 일은 무엇인가?"
눈처럼 소복이 쌓인 하얀 쌀밥으로 든든히 배를 채우고, 오늘 할 일을 오롯이
생각하면서 늦지 않게 출근 혹은 등굣길에 오르고, 꼼꼼하게 연비를 체크하면서
나와 사랑하는 사람들이 함께할 첫 번째 자가용에 대한 로망을 품는 것…… 이
모두 가치 있는 일이다. 또 비록 욕정에서 내뱉은 사랑이라 한들 나 같은 남자는
앞으로 조심하라며 그녀에게 쿨한 이별 방식을 가르쳐주는 것 역시 남자로서
마땅히 해야 할 가치 있는 일 중 하나일 것이다. 그러면서 스스로 깨닫는다. 가치
있는 일이란 낯간지럽지만, 안드로메다에서도 변하지 않는 진실이란 단어를
포함하고 있다는 것을.

나는 이 책을 시작하면서 남자들의 옷 입기가 결코 사치스러운 것이 아닌 가치
있는 일이란 사실을 증명해 보이고 싶었다. 변하지 않는 진실이 남자들의 옷
입기에도 있을 수 있다는 것을 말이다. 게다가 이 책은 키가 커 보이는 옷 입기라는
확실한 컨셉트를 지니고 있다. 그렇다면 옷을 입는 것만으로 키가 클 수 있을까?
그것은 데이비드 카퍼필드가 해낼 수 있는 마술이 아니다. 성장을 촉진시키는

약을 발명하는 박사들이 해낼 수 있는 의술도 아니다. 그렇다면 마술사도
의학자도 아닌 일개 직장인에 불과한 내가 어떻게 이것을 해낼 수 있단 말인가?
톰 크루즈도 아닌 내가 이 불가능한 작전에 뛰어든 까닭은, 말장난처럼
느껴지겠지만 키가 커지는 것이 아니라 키를 커 보이게 할 수 있다는 희망이 있기
때문이다.

따라서 이 책을 보는 당신이야말로 정말 가치 있는 일을 시작하고 있다는 말을
꼭 하고 싶다. 나는 이 책이 값비싼 명품을 운운하며 겉치장에 유난을 떠는
멋쟁이들이 보길 원하지 않는다. 그냥 평범한, 아니 약간은 키에 대한 콤플렉스가
있는 보통의 남자들이 보길 바란다. 이 책은 소소하나 빤질거리지는 않을 것이다.
흥미로우나 진지하지도 않을 것이다. 또 쉬우나 패션 피플이 구사하는 고급 어휘
따위들은 없을 것이다. 진지한 권유는 있으나 결코 강요하지는 않을 것이다.

부디 이 책이 키가 작든 그렇지 않든, 머리카락이 많든 그렇지 않든, 돈이 많든
그렇지 않든, 최소한 우리에게도, 나 같은 남자들에게도, 스타일에 대한 희망이
있다는 것을 알릴 수 있는 하나의 계기가 되길 바란다. 그 시도만으로도 충분히
스스로에게 가치 있는 일이 될 테니까.

P.S.
스타일도 책도 혼자 되는 것은 없다. 이 책의 여정을 함께해준 중앙북스의 수현
선배, 스타일리스트 봉법이 형과 수지, 신영이, 포토그래퍼 형식이, 멀티숍 무이의
바이어 준우 형, 모델 박재근과 강철웅, 에스팀의 현수진 부장님, 국주 형, 지석이,
인기와 호중이, 헤어&메이크업 아티스트 고원의 문지선, 이신애를 비롯한
지인들과 가족에게 진심으로 감사를 표한다.

2010년 겨울, 이현범

contents

contents

contents

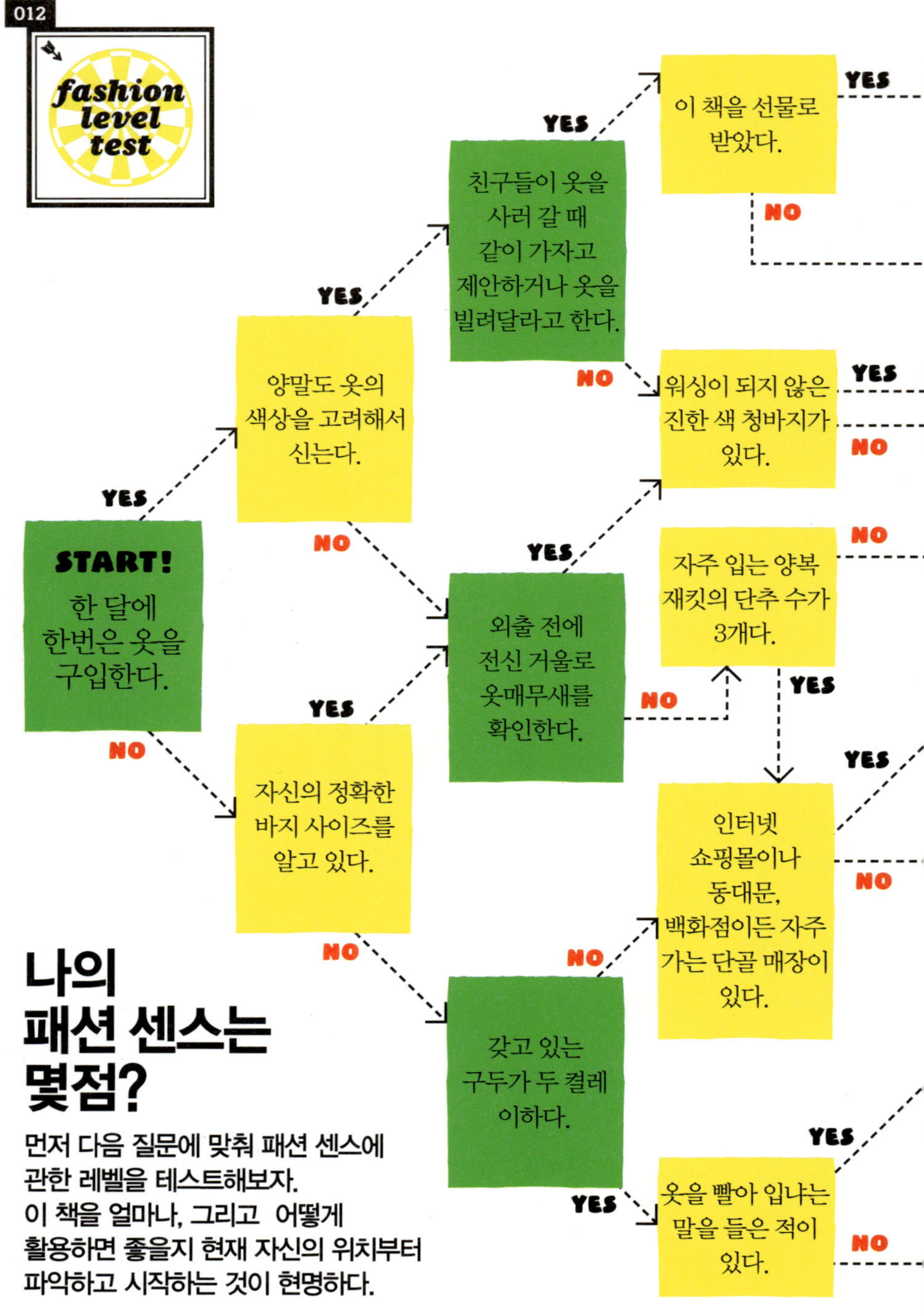

나의 패션 센스는 몇점?

먼저 다음 질문에 맞춰 패션 센스에 관한 레벨을 테스트해보자.
이 책을 얼마나, 그리고 어떻게 활용하면 좋을지 현재 자신의 위치부터 파악하고 시작하는 것이 현명하다.

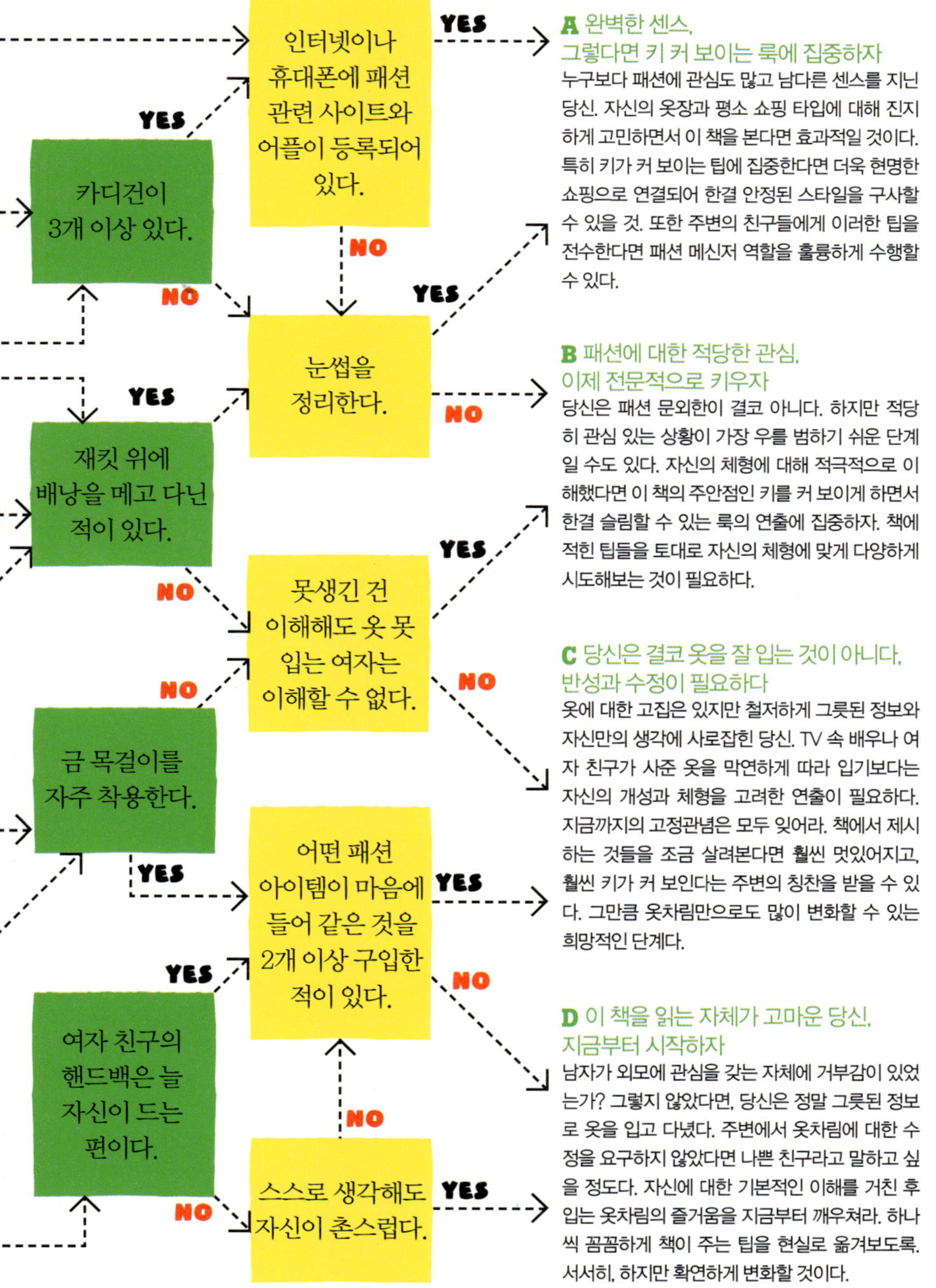
카디건이 3개 이상 있다.
YES
인터넷이나 휴대폰에 패션 관련 사이트와 어플이 등록되어 있다.
YES
NO
NO
재킷 위에 배낭을 메고 다닌 적이 있다.
YES
눈썹을 정리한다.
YES
NO
NO
금 목걸이를 자주 착용한다.
못생긴 건 이해해도 옷 못 입는 여자는 이해할 수 없다.
YES
NO
YES
어떤 패션 아이템이 마음에 들어 같은 것을 2개 이상 구입한 적이 있다.
YES
NO
여자 친구의 핸드백은 늘 자신이 드는 편이다.
YES
NO
스스로 생각해도 자신이 촌스럽다.
YES
NO

A 완벽한 센스, 그렇다면 키 커 보이는 룩에 집중하자
누구보다 패션에 관심도 많고 남다른 센스를 지닌 당신. 자신의 옷장과 평소 쇼핑 타입에 대해 진지하게 고민하면서 이 책을 본다면 효과적일 것이다. 특히 키가 커 보이는 팁에 집중한다면 더욱 현명한 쇼핑으로 연결되어 한결 안정된 스타일을 구사할 수 있을 것. 또한 주변의 친구들에게 이러한 팁을 전수한다면 패션 메신저 역할을 훌륭하게 수행할 수 있다.

B 패션에 대한 적당한 관심, 이제 전문적으로 키우자
당신은 패션 문외한이 결코 아니다. 하지만 적당히 관심 있는 상황이 가장 우를 범하기 쉬운 단계일 수도 있다. 자신의 체형에 대해 적극적으로 이해했다면 이 책의 주안점인 키를 커 보이게 하면서 한결 슬림할 수 있는 룩의 연출에 집중하자. 책에 적힌 팁들을 토대로 자신의 체형에 맞게 다양하게 시도해보는 것이 필요하다.

C 당신은 결코 옷을 잘 입는 것이 아니다, 반성과 수정이 필요하다
옷에 대한 고집은 있지만 철저하게 그릇된 정보와 자신만의 생각에 사로잡힌 당신. TV 속 배우나 여자 친구가 사준 옷을 막연하게 따라 입기보다는 자신의 개성과 체형을 고려한 연출이 필요하다. 지금까지의 고정관념은 모두 잊어라. 책에서 제시하는 것들을 조금 살려본다면 훨씬 멋있어지고, 훨씬 키가 커 보인다는 주변의 칭찬을 받을 수 있다. 그만큼 옷차림만으로도 많이 변화할 수 있는 희망적인 단계다.

D 이 책을 읽는 자체가 고마운 당신, 지금부터 시작하자
남자가 외모에 관심을 갖는 자체에 거부감이 있었는가? 그렇지 않았다면, 당신은 정말 그릇된 정보로 옷을 입고 다녔다. 주변에서 옷차림에 대한 수정을 요구하지 않았다면 나쁜 친구라고 말하고 싶을 정도다. 자신에 대한 기본적인 이해를 거친 후 입는 옷차림의 즐거움을 지금부터 깨우쳐라. 하나씩 꼼꼼하게 책이 주는 팁을 현실로 옮겨보도록. 서서히, 하지만 확연하게 변화할 것이다.

당신의 옷장을 둘러보자.
오른쪽의 키가 커 보이는
20가지 필수 아이템 중 몇 가지를
갖고 있는지. 파악했는가?
당신의 '진짜' 키는
이 중 몇 개를 갖고 있느냐에
따라 달라진다.

- ☐ 블루종
- ☐ 프린트가 위로 올라온 라운드 넥 티셔츠
- ☐ 적당한 두께의 쇼트 패딩
- ☐ V넥 니트 풀오버
- ☐ 카디건
- ☐ 워싱하지 않은 생지 데님 바지
- ☐ 무릎 위 길이의 반바지
- ☐ 단추가 허리선 위에 있는 원버튼 재킷
- ☐ 조끼
- ☐ 블랙 셔츠
- ☐ 맞춤용 슈트
- ☐ 짧은 길이의 어두운 색 코트
- ☐ 화이트 슈즈
- ☐ 부츠
- ☐ 배낭
- ☐ 심플한 메탈 액세서리
- ☐ 중절모
- ☐ 스카프
- ☐ 사선 스트라이프 넥타이
- ☐ 쇼트커트 헤어

갖고 있는 아이템	5가지 미만	현재 키	-3cm
	6~10가지	현재 키	0cm
	11~15가지	현재 키	+3cm
	16가지 이상	현재 키	+5cm

스타일 변신 체험:
당신도 변할 수 있다

정호중 웹 커뮤니케이터, 28세

조끼를 입어 허리 라인을 슬림하게 68page
슈트를 입는 경우에는 조끼까지 함께 입어 체형도 보완하고 다리 라인도 길어 보일 수 있도록 연출하자. 조끼의 컬러는 슈트와 같은 톤으로 하는 것이 안정적이다.

투버튼의 재킷이 가장 안정적인 선택이다 114page
슈트를 선택할 때는 스리버튼보다는 원버튼 혹은 투버튼이 커 보인다. 경쾌한 느낌을 원하거나 콤비네이션 재킷을 선호하면 원버튼을, 안정적이면서 편안해 보이길 원한다면 투버튼을 선택하도록.

특별한 자리라면 비범한 타이로 남다른 멋을 살리기 130page
조금 더 포인트를 주길 원한다면 남다른 타이로 연출해보자. 도톰한 소재의 보타이나 프린트가 들어간 색깔 있는 넥타이도 좋다. 행커치프도 도움이 될 것.

끈이 있는 옥스퍼드 구두를 선택하자 124page
구두는 옥스퍼드 스타일을 신는 것이 끈이 없는 것보다는 밋밋하지 않으면서 전체 룩을 댄디하게 마무리한다.

주변에서 흔히 볼 수 있는 4명의 남자에게 앞으로 제시할
키가 커 보이는 스타일링을 적용했다. 어떤 유형과 체형에 친근함을 느꼈는가?
제시하는 페이지로 가면 더욱 자세한 팁을 얻을 수 있다.

김인기 학생, 22세

짙은 회색 슈트는 신뢰감을 준다 110page
획일화된 블랙 컬러보다는 감청색이나 짙은 회색 슈
트가 면접이나 중요한 자리에서 훨씬 인상적인 느낌
을 준다. 키가 커 보이는 데 도움까지 된다.
**레지멘털 스트라이프 타이는 키가 커 보이는데 도움
이 된다** 104page
넥타이는 무늬가 없는 단색보다는 색과 폭이 일정하
게 사선으로 반복 처리된 레지멘털 스트라이프로 멋
도 살리고 하체가 길어 보이는 효과도 주자.

페도라가 주는 멋을 활용해보자 96page
슈트나 티셔츠 차림에도 봉긋 솟은 페도라를 활용해
보면 센스도 살리고 전체적으로 슬림한 얼굴형으로
만들어준다.
패션이나 디자인 관련의 면접에는 뿔테 안경을!
200page
조금 더 세련된 이미지를 풍기기 위해서는 뿔테 안경
을 착용해보자. 시력이 좋다 해도 보안이 되는 렌즈
를 꼭 끼우는 것이 필수.

김국주 회사원, 34세

핏되는 데님 셔츠는 바지 안에 입기 146page

키가 커 보이는 스타일 중 가장 기본은 상의를 하의 안으로 넣어 입는 것. 이때 상하의 모두 핏된 것이라면 더욱 슬림해 보일 수 있다.

스키니한 바지에는 굽이 있는 부츠가 좋다 84page

단화나 발목을 덮는 하이톱 스타일보다는 바지와 같은 컬러의 굽이 있는 부츠가 키를 커 보이게 하는 데 도움도 주고 멋스럽다. 부담된다면 군화 스타일로 선택할 것.

헤어는 위로 뻗친 듯한 스파이키 스타일로 107page

록(rock)적인 느낌을 살리고 얼굴도 작아 보이려면 한쪽으로 뻗은 듯한 스파이키 헤어로 연출할 것.

티셔츠의 로고는 가슴선 위로 올라간 것으로 44page

영문이든 프린트든 티셔츠의 로고는 중앙보다는 위로 올라간 느낌을 주는 것으로 선택할 때 다리가 한결 길어 보인다.

박지석 프리랜서, 29세

짧은 피코트 블루종은 가장 현명한 선택이다
78page
아우터는 상체를 짧게 하고 하체를 길게 하는 블루종
스타일이 제격이다. 밀리터리 느낌의 금장 단추가 달
린 피코트는 남성적인 매력을 살릴 수 있다.
생지 청바지는 필수 아이템 56page
청바지는 빈티지한 워싱이 되어 있는 것보다는 파란
색 데님 소재의 느낌이 그대로 살아 있는 생지로 선
택하자. 다리 라인이 날씬하면서도 길어 보인다.

비니는 캐주얼 룩의 센스를 살리는 데 도움이 된다
34page
헤어스타일에 부담을 느끼는 날에는 비니를 활용해
보자. 웬만한 가을, 겨울 캐주얼 룩에는 무난히 잘 어
울리며 얼굴이 작아 보이는 효과도 준다.
버클이 작은 벨트로 지적인 면을 살리자 192page
힙합 마니아가 아니라면 버클이 작은 벨트가 청바지
에도 부담스럽지 않고 잘 어울린다. 버클이 크면 상
체와 하체가 분리되어 키가 작아 보일 수도 있다

STEP 1

당신의 '진짜' 키를 찾으세요!

내 키는 174㎝.
어떤 사람은 178㎝로 보인다고 한다.
그런데 또 어떤 사람은 170㎝로 보인다고
한다. 내 진짜 키는 옷차림에 따라
달라졌던 것인가? 몸의 비율과 컬러,
그리고 체형에 따라 옷입기는 어떻게
달라져야 할까?

작지만
멋진 그들처럼

나에게는 키는 작지만 스타일에
영감을 주는 좋은 형이 있다. 당신
주변엔 없다고 너무 낙심하지 마라.
'신장'의 약점을 극복하고, 국내외에서
스타일의 황제에 오른 다음 스타들이
있으니! 그들의 평소 룩으로 말하는
'간지 나는' 비결을 체크해보자!

170cm

영화배우 제임스 맥어보이

제임스 맥어보이 하면 키는 작지만 참
옷을 잘 입는 배우란 사실이 떠오른다.
특히 그가 즐기는 아이템은 스트라이프
패턴의 투버튼 재킷. 스리버튼의
무거움은 버리고, 스트라이프 패턴으로
키가 커 보이는 세련됨은 살리는
것이다. 거기에 연한 워싱의 빈티지
청바지에 슈즈는 어둡지 않은 브라운
컬러를 매치하여 한결 돋보이게 만든다.
게다가 그는 캐주얼한 블루종 스타일의
재킷도 즐긴다. 그야말로 언제나 키가
커 보이는 룩의 정석이다.

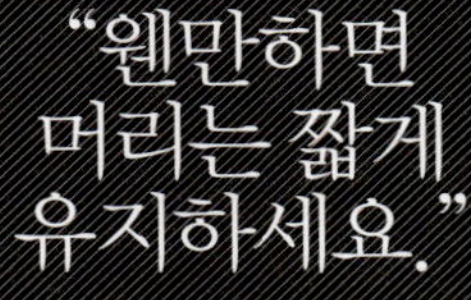

172cm

축구 선수 **마이클 오언**

축구 선수는 필드에서 돋보이고 싶어
한다. 베컴도 그렇고, 호날두도 그렇다.
그런데 단신인 축구 선수들 중에서도
마이클 오언은 늘 짧은 머리 스타일을
유지한다. 이유는 뭘까? 축구 선수
중에서 비교적 단신에 속하지만 가장
파워풀해야 하는 스트라이커인 그에게
짧은 머리는 강인함을 선사하는 데
훌륭한 무기가 될 것이다. 또 하나! 짧은
헤어스타일은 단신에게 머리가 작아
보이는 효과를 주어 5등신도 7등신으로
보일 수 있게 만든다는 사실을
깨달았기 때문이 아닐까? 만약 오언이
배용준의 〈겨울 연가〉 파마를 하는
날이 온다면? 그날은 분명 운동화에
깔창을 몇 개 더 깔았을 것이다!

170cm

영화배우 **톰 크루즈**

섹시한 남자를 꼽으라면 키가 크고
근육도 있고 뭐 그래야 할 것 같은데
예외도 있다. 바로 유부남이자
단신인데도 여성들의 전폭적인 지지를
받고 있는 톰 크루즈가 장본인이다.
그는 어느 장소에서든 상체의 근육이
드러나는 타이트한 '쫄티'를 입는
것으로도 유명하지만, 무엇보다 작은
키를 무색하게 만드는 카리스마 넘치는
당당한 태도와 백만 불짜리 미소가
트레이드 마크다. 춥다고 작다고 더
움츠려서 되겠는가! 톰 크루즈만큼은
아니라도 누군가를 반하게 할 수 있는
매력적인 표정 하나쯤 개발해보는 것이
어떨는지.

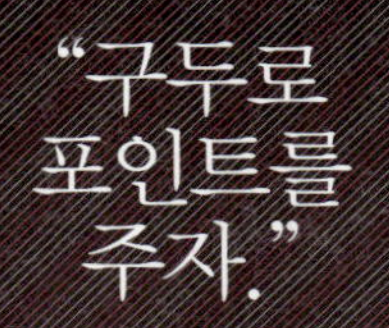

162cm

팝재즈 싱어송라이터 제이미 컬럼

제이미 컬럼은 누가 영국 남자
아니랄까봐 펑키하면서도 댄디하게
옷 잘 입는 사람으로 유명하다.
아쉽게도(?) 그의 음악은 들어본
적이 없지만, 그의 옷차림만은 각종
사진을 통해서 눈에 익숙하다. 하지만
그는 단신이라는 점이 눈에 띄기보다
귀엽고 스타일리시한 뮤지션으로서 더
다가온다. 바로 블랙 컬러의 슈트에도
컬러풀한 구두를 매치하는 센스를
지녔기 때문일 것. 심심하지 않은 그의
스타일에서 우리가 배워야 할 점이 바로
이것 아닐까? 개성 있는 시도는 1%
부족한 유전자를 압도한다!

'신장'이 아닌 '비율' 늘리기

키보다 커 보이는 남자와 키보다 작아 보이는 남자. 이 둘의 차이는 무엇일까? 바로 스타일링에서 가장 중요한 것이 비율이란 사실을 간과한 것! 신장을 뛰어넘어 8등신의 황금 프로포션을 위한 4가지 기본 원칙을 익혀보자.

1 머리 띄우기

필수 아이템 : 뻗친 머리 + 짧은 밑위 바지 + 부츠

☞ 록 시크 룩(Rock Chic Look)

5~7등신을 8등신 이상으로 보이려면 우선 위와 아래 부분에 최대한의 여유를 주는 '띄우는' 룩이 필요하다. 그러기 위해서 헤어스타일은 정수리 부분부터 앞머리까지 모근에 힘을 주어 적극적으로 뻗치도록 한다. 곱슬머리라면 오히려 부푼 파마 스타일을 유지하는 것이 좋다. 만약 얇고 숱이 없는 힘없는 머리카락을 지녔다면 차라리 1980년대 유행했던 MC 해머처럼 옆머리는 밀고, 윗부분만 부각하는 단정한 스포츠 스타일이 좋다. 위를 터줬다면 이제 아래의 신발에 신경을 쓰자. 낮은 굽의 로퍼보다는 밑창을 깔지 않아도 자연스레 굽을 통해 해결해줄 수 있는 부츠를 선택하는 것이 좋다. 부담된다면, 복사뼈를 살짝 덮을 만한 앵클부츠를 추천한다. 최소 5cm 이상 길어 보이는 효과를 누릴 수 있다. 여기에 밑위가 짧은 바지를 선택한다면 상대적으로 허리선이 위로 올라가는 느낌을 주어 다리가 길어 보이는 세련된 록 시크 룩을 완성할 수 있다.

2 상의 넣기

비율을 늘릴 때는 상체보다 하체에 힘을 싣는 것이 훨씬 더 안정적으로 보인다.
전체를 10으로 봤을 때 상체와 하체의 비율을 최소 4:6 정도로 유지한다면 자연스레
길어 보이는, 프로포션이 좋은 사람으로 비칠 수 있다. 그러기 위해서는 상의를
바지 안에 넣는 습관을 기르는 것이 좋다. 단, '아버지 배 바지 스타일'이 되지 않도록
유의할 것. 우선 바지는 밑위가 길지 않은 기본 스트레이트 핏으로 선택하고, 상의는
셔츠라면 갑갑하게 단추를 목까지 채우지 말 것. 티셔츠라면 네크라인에 여유가
있는 U나 V넥이 좋다. 다음으로는 포인트 있는 벨트를 활용하는 것인데, 컬러가
옷에 비해 너무 밝은 것이라면 정확히 상·하의의 등분을 나눠 보이게 함으로써
더 짧아 보일 수 있다. 그러므로 벨트는 옷과 같은 톤의 컬러로 선택하고, 대신
반짝이는 에나멜이나 고급스러운 가죽 소재를 활용하여 멋스러우면서도 안정감
있는 비율로 어필하도록 하자.

3 다리 늘리기

필수 아이템 : 쇼트 재킷 or 블루종 + 밑위가 짧은 바지

👉 **시크한 시티 룩(City Look)**

〈상의 넣기〉에서 언급한 대로 상체의 비율을 최소화하여 황금 프로포션을 만들려면 무엇보다 다리를 늘리는 레기 룩(Leggy Look)을 늘 염두에 두는 것이 좋다. 여성처럼 신발이나 하의가 다양하지 않은 남성의 경우, 하체를 길어 보이게 하기 위해 가장 좋은 방법은 바로 짧은 아우터를 입는 것이다. 캐주얼 룩에는 가죽이나 데님의 블루종을, 정장 차림의 슈트 재킷의 경우에는 엉덩이의 중간쯤에서 멈출 정도의 짧은 길이로 선택하는 것이 좋다. 또한 이렇게 짧은 아우터를 입을 때 가장 신경 써야 할 부분이 바로 안에 입는 상의인데 조금 더 멋을 내고 싶다면, 아우터보다 길이가 긴 것을 활용해 바지 위를 살짝 덮는 것도 좋다. 하지만 이럴 경우 바지의 핏이 헐렁하지 않은 것을 선택해야 슬림하면서도 안정적으로 보일 수 있다. 물론, 상의의 길이는 엉덩이를 넘지 않아야 한다. 엉덩이를 덮으면 자칫 하체 비만으로 보여 섹시함보다는 푸근한 인상만 줄 수 있다.

4 허리 조이기

필수 아이템 : 타이트한 베스트 + 스키니한 타이 + 끈으로 묶는 구두

☞ 모던한 포멀 룩(Formal Look)

간단한 예를 들어보자. 호떡을 좀 더 늘리기 위해서는 가운데 부분을 꾹 눌러주면 된다. 스타일링의 비율 역시 마찬가지다. 허리를 타이트하게 조여 슬림한 룩을 구사할수록 비율의 문제는 해결될 수 있다. 그러기 위해서는 핏되는 조끼, 이른바 베스트를 활용하는 것이 좋다. 슈트를 주로 입는다면, 재킷과 바지만 구입하지 말고 베스트까지 함께 장만하여 이른바 스리피스 룩을 완성시켜보자. 재킷과 바지만으로 부족했던 1%를 충족시켜 줄 것이다. 덧붙여 베스트에 세로 스트라이프 패턴이 그려져 있거나, 셔츠에 스키니한 폭의 타이를 맨다면 더욱 가늘고 긴 실루엣을 완성할 수 있다. 신발 역시 앞코가 뾰족한 옥스퍼드 형태의 구두로 마무리한다면 섹시한 매력까지 더할 수 있다. 캐주얼한 룩을 입는 경우에는 V넥의 티셔츠와 슬림한 핏의 베스트를 함께 갖춰 입는다면 어떠한 바지와 연출해도 길어 보이는 효과를 만끽할 수 있다. 이때 조끼의 단추는 풀어주어 여유를 주도록.

컬러로
길어지기

누구나, 그중에서도
특히 우리나라
남자들은 무채색을
즐긴다. 그렇다면, 자칭
타칭 컬러를 즐기는
컬러의 고수인 나의
이야기에 귀를 기울여볼
시간이다. 제대로 된
컬러의 매치는 당신의
부족했던 몇 ㎝를
채우기 충분할 테니까.

1 같은 계열의 컬러로 통일하자

날씬하면서도 섹시해 보이려면 기본적으로 하나의 컬러로 통일하고, 다양한
소재의 믹스&매치를 통해 풀어보는 것이 좋다. 빨주노초파남보의 무지개떡은
알록달록 보기는 좋아도 누가 봐도 분열되어 보이는 것과 같은 논리다. 그렇다고
재킷과 바지, 넥타이와 구두까지 온통 블랙으로 매치하면 그야말로 시크해
보일 수는 있지만 다소 심심한 룩이 될 수도 있다. 따라서 울 소재의 슈트에 타이
소재를 실크로 변형하여 포인트를 주거나, 가죽 소재의 벨트나 구두로 클래식한
매력을 더하는 것이 좋다. 또한 화이트나 그린, 옐로 등 다소 튀는 컬러를 사용해
이미지 전환을 시도하는 주말 룩을 연출하고 싶다면 하나의 컬러로 통일하는
것이 안정적이다. 거기에도 역시 선택한 컬러 군에서 크게 벗어나지 않는 컬러를
매치하도록! 화이트라면 밝은 그레이 컬러의 셔츠를 선택하거나, 옐로라면 밝은
그린 컬러의 구두를 매치하는 것이 길어 보일 수 있다.

2 하의의 컬러를 밝은 것으로!

블랙 컬러 바지와 화이트 셔츠를 입는 것보다는 화이트 컬러의 팬츠에 블랙
셔츠를 입는 연출에 도전해보자. 하의의 컬러가 밝을수록 하체 비율이 더 길어
보이는 효과를 가져와 좀 더 길어 보이는 룩을 완성할 수 있다. 같은 근육질의
몸매라도 청바지에 화이트 티셔츠를 입는 것보다 블랙 티셔츠를 입는 것이 훨씬
슬림하면서도 터프해 보일 수 있다. 특히 피부 톤이 밝은 편이라면, 상의 컬러를
하의보다 어두운 것으로 선택하는 것이 매끈하면서도 슬림해 보일 것이다.
힙합 뮤지션처럼 컬러풀한 바지를 즐길 만한 여력이 된다면 상의에 블랙이나
네이비 컬러의 더블 브레스티드 재킷을 입어 안정감을 주는 것도 좋은
연출법이다. 이 경우 신발의 컬러를 밝은 것부터 어두운 것까지 더욱 다양하게
선택할 수 있다는 장점도 있다. 이때 조금 더 안전을 기한다면 굽이 있는 신발로
선택하는 편이 좋다.

3 파스텔 톤의 컬러를 활용하자

남자들에게 파스텔 톤 컬러는 너무 달콤하고 로맨틱해 보일까 두렵기 마련이다.
하지만 적절히 활용하면, 파스텔 컬러만큼 밝고 매력적으로 보일 수 있는 것도
드물다. 특히 우리처럼 키가 장신이 아닌 경우에는 좀 더 길어 보이는 효과도
가져올 수 있다. 파스텔 톤 컬러 중 그래도 가장 접근하기 쉬운 것이 하늘색이다.
하늘색은 파란색에 비해 맑은 이미지이며 보는 이에게 안정감을 주어 신체 비율이
늘어나 보이게 하는 효과가 있다. 또한 네이비나 그레이 등 우리 옷장에 흔히
보이는 모노톤의 컬러를 비롯해서 다른 컬러와 매치하기에도 쉽다. 나의 경우에는
주로 파스텔 톤 컬러의 양말을 자주 활용하는 편이다. 화이트 셔츠와 청바지
차림에 하늘색이나 핑크색의 파스텔 컬러 양말과 흰 스니커즈를 매치하면 살짝
여유로우면서도 발목 라인이 길어 보이는 효과를 줄 수 있다.

4 밝은 컬러의 신발을 애용하자

단신인 당신이 가장 먼저 체크해야 할 곳이 바로 신발장이다. 갖고 있는 신발들의
컬러가 어두운 것 일색이라면 이제부터는 밝은 색 신발을 구입하는 것이 현명하다.
가장 먼저 하얀색의 구두나 운동화를 구입하자. 슈트를 자주 입는다면, 브라운
컬러 구두를 구입하는 것도 좋다. 캐주얼한 청바지를 주로 즐긴다면 옐로나 레드
등 좀 더 튀는 색깔의 운동화도 좋다. 밝은 컬러의 신발은 5cm쯤 늘어나 보이게
하고, 그를 통해 얻는 발끝의 자유로움은 깔창의 압박감보다 훨씬 편안할 테니까.
바닥에 '에어'가 장착되지 않은 가벼운 운동화를 찾는다면 더욱더 밝은 컬러를
구입해야 바닥에 붙은 것 같다는 주변의 핀잔을 면할 수 있다. 이때 블랙이나
네이비 등 어두운 컬러의 양말은 절대 금물! 밝은 컬러 혹은 신발과 같은 컬러의
것으로 선택하는 것이 센스쟁이의 기본.

STEP 1/04

체형의 장점은 살리고 단점을 커버해 길어지기

나는 키가 크지 않다는 체형적 약점도 있지만 특히 상체가 하체에 비해 유난히 길다는 단점도 지니고 있다. 따라서 전체적으로 길어 보이면서도 상체의 길이는 조금 줄이고 하체를 좀 더 늘리고 싶은 욕망이 있다. 당신은 어떠한가? 몸은 좋은데 키가 작은가? 얼굴은 작은데 목이 짧은가? 체형의 장점을 극대화하고 단점을 감추는 고도의 스타일 전략을 배워보자.

"장점을 강화해 길어진다."

날씬한 몸매는 몸에 핏되는 바지를

기본적으로 날씬한 몸매를 지닌 사람이라면 키가 커 보이는 데 여러모로 유리하다. '가로'보다 '세로'가 더 길어 보이는 것은 당연한 '본능'이니까. 그렇다면 스키니한 레기 룩을 활용하는 것이 좋다. 스키니한 룩은 몸에 적절하게 핏되는 스타일을 가리키며, 레기 룩이란 하체가 좀 더 길어 보이도록 부츠나 굽이 있는 앵클부츠 등을 매치하는 것을 말한다. 평범한 샐러리맨에게 이게 웬 흉측한 소리냐고? 전혀 아니다. 바지보다 재킷의 사이즈를 조금 더 타이트한, 꼭 맞는 것으로 선택하고 앞코가 뾰족한 구두를 선택하는 것만으로 자신의 늘씬한 몸매를 부각하면서도 키가 커 보이는 세로 본능의 묘를 살릴 수 있을 테니!

작은 얼굴은 모자 활용을

그대라면, 사실 7등신도 9등신으로 보일 테니 몸의 비율이 안정적으로 비칠 것이다. 무엇보다 어떤 모자도 다 잘 어울린다. 특히 백화점의 캐릭터 캐주얼 매장부터 폴로나 빈폴 같은 트래디셔널 캐주얼 매장이나 동대문, 명동의 보세 숍에도 즐비한 멋쟁이 모자, 페도라를 추천한다. 페도라는 처음엔 꽤나 망설여질지 몰라도 가벼운 면 티셔츠와 청바지에 살짝 얹어만 주어도 스타일리시하면서도 자연스럽게 키가 커 보인다. 페도라를 선택할 때 가장 중요한 것은 소재! 반드시 여름에는 여름용을, 겨울에는 겨울용 소재로 구입하도록! 그 외에 스포츠 룩을 즐기는 성향이라면 모자 몸체가 높은 트러커 캡을 활용하는 것도 좋다.

몸매가 좋다면 수영복은 삼각

누구보다 꾸준하고 부지런하게 운동한 끝에 훌륭한 몸매를 완성한 당신에게는 과감한 노출을 적극 즐기라고 말하고 싶다. 특히 실내 수영장이든 해변이든 타이트한 삼각 형태의 수영복을 적극 추천한다. 몸매가 좋을 경우 흔히 브리프나 반바지 스타일의 펑퍼짐한 수영복을 즐기기 마련인데 키가 작다면 오히려 가슴 근육만 강조해, 상대적으로 굉장히 짧아 보인다. 삼각 수영복만 입기 거북하다면 길이가 긴 목걸이나 가벼운 캡 모자를 착용하여 스포티한 면을 살리면 안정감을 줄 수 있으므로 활용해보길 권한다. 이제는 운동해서 키 안 컸다는 이야기는 그만 들어야 하지 않겠는가!

"단점을 커버해 길어진다."

상체가 유난히 길다면 가로 스트라이프 티셔츠를

단신인 것도 억울한데 상체까지 긴 당신에게는 가로 스트라이프 패턴의 티셔츠를 적극 추천한다. 거기에 안정감 있고 슬림한 느낌을 살리려면 모노톤의 조끼나 재킷을 함께 매치하는 것도 좋다. 가로 스트라이프 패턴을 입으면 상체의 길이는 다소 짧아 보이면서 하체는 훨씬 더 길게 보여 신체적 결함을 만족스럽게 보완할 것이다. 좀 더 팁을 주자면, 스트라이프 티셔츠를 바지 안에 넣어 입길 권한다. 일단 배부터 넣어야겠지만 바지 안에 넣어 입는 것이 이 모든 노력의 효과를 배가시킨다.

목이 짧으면 V넥이나 U넥 티셔츠를

아쉽게도, 목이 사라진 당신에게는 단신을 커버할 수 있는 스타일뿐만 아니라 네크라인 선택이 무엇보다 중요하다. 우선 라운드 네크라인이나 터틀넥은 피하는 것이 좋다. 셔츠라면 비비안 웨스트우드에서 흔히 나오는 셔츠의 칼라가 높은 것은 당연히 피해야 턱과 부딪히는 최악의 순간을 막을 수 있다. 그렇다면, 우리에겐 V넥과 U넥, 그리고 스퀘어 넥이 있다. V넥은 섹시함을, U넥은 이지적인 매력을, 스퀘어 넥은 건강미 넘치는 남성미를 부각시키므로 자신의 체형과 스타일에 맞춰 선택하도록. 셔츠 역시 차이나 칼라를 선택하거나 기본 셔츠에서 네크라인에 있는 단추를 풀어주는 센스를 발휘하는 것이 좋다. 키가 커 보이는 것과 무슨 상관이냐고? 우선 목이 보여야 비율이 사는 것은 기본 중의 기본이다!

뚱뚱하다면 더블재킷을

키가 작으면서 몸에 살이 찐 경우에 흔히들 다이어트를 권할 것이다. 하지만 스타일로도 충분히 키가 커 보일 수 있으니 일단 자신감을 가질 것. 가장 효과적인 아이템은 단추가 두 줄로 달린 더블 브레스티드 재킷이다. 이것은 슈트의 상의부터 단독 콤비 재킷이나 트렌치코트를 비롯한 모든 겨울용 코트에도 접목시켜야 한다. 싱글 버튼보다 품이 기본적으로 낙낙한 더블 브레스티드 재킷은 한 번 더 채우는 것만으로도 충분히 슬림한 효과를 준다. 어두운 컬러에, 길이는 엉덩이를 살짝 덮는 짧은 것으로 선택하는 것이 더욱 좋다. 하의와 구두, 그리고 상의까지 같은 계열로 통일한다면 한결 슬림하면서도 길어 보이는 당신을 만날 수 있다.

STEP 2

키가 커 보이는 20가지 필수 아이템

“얼마짜리 입니까?”
“어디서 샀습니까?”
이것은 당신에게 아직 중요하지 않다.
우선 무엇을 쇼핑해야 하는지에
집중하는 것이 필요하다.
오랜 고등학교 친구처럼 좋은
길잡이가 되어줄 핵심 쇼핑
리스트 20가지.

STEP 2/01

일단 다리가 길어 보인다
블루종

남자라면 누구나 분위기 있는 롱 코트로 거리를 쓸고 다니고픈 로망이 있다. 하지만 우리에게 중요한 것은 취향보다는 체형이 아니던가! 단신을 커버하면서도 키가 커 보이는 룩에 중점을 둔 실용적인 스타일을 추구한다면 상의를 짧게 입어야 하는 것은 기본 중의 기본이다. 그리고 우리에게는 블루종이라는 효과적인 아이템이 있다. 가죽 블루종을 싸게 구입하려면 동대문 광장시장에서 10만원 안팎으로도 건질 수 있다.

남성적인 매력을 강조하는
가죽 블루종

남자에게 바이커 룩은 잠재된 일탈과 일맥상통한다. 그중에서도 핵심이 되는 가죽 블루종은 청바지나 블랙 데님 팬츠와 매치해서 록(rock)적인 무드로 연출되기에도 충분하다. 하지만 비즈니스맨에게는 다소 거리감이 있는 것이 사실. 그렇다면 부드러운 양가죽의 가죽 블루종을 선택하자. 셔츠와 타이, 정장 바지와 매치하면 좀 더 자유분방한 느낌을 줄 수 있다.

04

하나쯤 있어야 하는 기본 스펜서 블루종

스펜서 재킷은 허리에 채 오지 않는 짧은 상의를 말한다. 여기에 캐주얼한 감각을 더한 것이 바로 스펜서 블루종이다. 아베크롬비나 갭(Gap) 등 아메리칸 캐주얼 브랜드에서 흔히 볼 수 있으며, 데님이나 코듀로이 팬츠와 매치하는 것이 정석이다. 레드나 블루 컬러의 색감 있는 스펜서 블루종은 개성을 표현하는 데도 도움을 준다.

복고의 바람을 타고 돌아왔다 데님 블루종

데님 상의와 데님 바지를 매치하는 이른바 '청+청' 스타일은 분명 1980년대 룩이었다. 하지만 트렌드란 남성복에서도 돌고 도는 것. 돌청이라고 부르는 스톤워싱부터 낡고 찢어진 디스트로이드 디테일의 블루종까지. 데님 블루종은 청바지는 물론, 카고나 면 소재의 치노 팬츠 등 어떤 하의와도 잘 어울리는 똑똑한 아이템으로 진화 중이다.

스포티한 감각을 뽐낼 때 야구 점퍼 블루종

3월에서 10월까지 우리는 야구에 열광한다. 그리고 이쯤에서 우리는 야구 점퍼 블루종을 떠올린다. 힙합을 사랑하지 않더라도, 캐주얼 룩에 무심한 사람이라도, 야구 점퍼 블루종은 여친에게 젊고 발랄한 당신의 또 다른 매력을 어필할 수 있기 때문에 데이트 룩으로 손색이 없다. 좀 더 도시적인 매력을 추구하거나 나이대가 있다면 가죽 소재의 블랙 블루종으로 시크하게 입어도 좋다.

프린트가 위로 올라올수록 키가 커 보인다 라운드 넥 티셔츠

귀여운 매력을 드러낸다
캐릭터 티셔츠

캐릭터 티셔츠는 의외성과 유머러스한 매력 때문에 연인과 데이트할 때 입으면 좋다. 간혹 캐릭터 티셔츠를 입긴 했는데 표정은 억지로 입었다는 것이 역력한 남자들이 있다. 이왕 입은 것, 태도도 조금 경쾌하게 바꿔보는 것이 현명할 듯. 중앙에 위치한 캐릭터는 시선 분산 효과가 있어 왜소함을 줄여준다.

권상우나 차승원 같은 근육질의 남성들이 즐겨 입는 티셔츠가 있다. 이른바 가슴골이 드러나 클리비지 룩이라고 일컫는 깊은 V 혹은 U자 형태 네크라인의 티셔츠다. 하지만 키 작은 남자에게 깊은 네크라인은 치명타다. 상체에서 무너진 균형이 하체까지 급습하여 5등신 몸매로 비치기 십상이다. 가슴골 대신 신장을 찾으려면 어깨가 핏되고 기장이 엉덩이를 넘지 않는 라운드 넥의 티셔츠가 안전하다. 거기에 소매를 돌돌 말아 올려 롤업한다면 팔이 길어 보여 상대적으로 신장을 길게 만들 수 있다. 티셔츠는 자주 유행이 바뀌므로 유니클로나 H&M에서 판매하는 1~2만원대부터 시작하자.

NICE IS NOT THE SAME AS WIMPY.

위쪽으로 올라올수록 유리하다 **영어 문구 티셔츠**

H&M, 아메리칸 어패럴, 유니클로 등 저렴한 글로벌 브랜드에서 흔히 볼 수 있는 것이 로고 티셔츠다. 문구에 따라 자신의 개성을 드러내기도 하지만 문구의 라인이 목 쪽으로 올라가 있을수록 키가 커 보이는 효과도 준다. 반대로 문구가 중앙 밑으로 처져 있다면 아래쪽으로 시선이 몰려 키를 작아 보이게 하므로 피하는 것이 좋다.

두께가 가늘수록 유리하다 **스트라이프 티셔츠**

가로 스트라이프 티셔츠는 여름에는 시원한 머린 룩과 어울리고, 그 외 시즌에는 경쾌함을 주어 4계절 내내 인기가 있다. 중요한 것은 두께가 가늘수록 신체를 길고 슬림하게 만드는 데 효과적이란 사실. 또 스트라이프 패턴의 색과 바지 색을 통일시키면 더욱 신체가 길어 보인다. 블루+화이트라면 화이트 팬츠를, 블랙+화이트라면 블랙 팬츠를 입는 것처럼.

원 포인트 아이템으로 활용하자 **링거 티셔츠**

비비드한 컬러가 티셔츠의 소매와 네크라인을 장식하는 링거 티셔츠를 입는다면 다른 옷은 무채색으로 선택해 전체적으로 3가지 컬러 안에서 끝낸다. 바지는 짙은 생지 데님이나 블랙 진으로 매치하고 신발이나 재킷도 같은 컬러로 통일시켜 티셔츠만 포인트로 살리는 것이다. 조금 더 욕심을 낸다면 벨트 정도. 티셔츠의 컬러 중 한 가지로 연출하는 것이 좋다.

길이는 짧고 두께는 적당한 쇼트 패딩

하의와 컬러를 통일하자
패딩 베스트

뚱뚱해 보인다는 편견도 있지만 패딩 베스트는 안에 상의를 자유롭게 입을 수 있다는 게 장점. 니트 터틀넥을 제외한 다양한 컬러와 패턴의 셔츠와 티셔츠로 매치하는 것이 슬림해 보일 것. 단, 바지를 베스트와 같은 컬러로 통일하자. 신발까지 통일된 컬러라면 더욱 안정적으로 길어 보이는 룩을 완성할 수 있다.

겨울철 가장 자주 입게 되는 아이템이 바로 패딩 점퍼다. 이 아이템을 선택할 때 단신남에게 중요한 것은 무엇보다도 길이감과 부피감이다. 허리 라인을 맴도는 짧은 길이에 부피가 부담스럽지 않은 것을 선택해야 좋다. 그리고 바지나 안쪽 상의의 컬러와 통일시킨다면 훨씬 더 길어 보이는 룩으로 완성할 수 있다. 털모자나 선글라스 등 소품 역시 컬러를 최대한 흐트러지지 않도록 연출하자. 브랜드는 워낙 고가가 많으므로 동대문이나 보세 숍에서 패딩 점퍼는 10만원대, 패딩 베스트는 5만원대 안팎으로 구입하는 것이 현명하다.

지퍼를 열지 말고 채워라
후드 패딩 베스트

후드 패딩 베스트는 보기보다 굉장히 캐주얼한 아이템이다. 따라서 안에 상의를 복잡하게 입거나 바지에 멋을 부리면 시선이 분산되어 키가 작아 보이는 역효과를 불러일으킨다. 가장 중요한 것이 후드 패딩 점퍼를 입을 경우에는 앞여밈을 채워줘야 한다는 것. 패딩 베스트의 컬러가 다소 바지와 다르더라도 전체적으로 일관된 느낌을 주어 한층 더 안정적인 연출이 가능하다.

데님 바지와 매치할 것
화이트 패딩 점퍼

캐주얼한 느낌을 주는 화이트 컬러의 패딩 점퍼는 데님 바지와 매치하기에 좋다. 세로형 요철이 있어 키가 커 보이는 데 효과적인 코듀로이 소재의 바지와 매치하는 것도 현명하다. 좀 더 멋을 부리길 원한다면 레드나 오렌지처럼 컬러풀한 코듀로이 바지도 나쁘지 않다. 단, 굽이 있는 부츠 형태의 신발을 신는 것이 좋다.

슈트와 함께 매치하자
블랙 패딩 베스트

블랙 컬러의 패딩 베스트는 댄디하면서도 고급스러운 매력을 한꺼번에 선사한다. 슈트나 포멀한 타이 차림에 매치해도 자연스럽다. 천편일률적인 패딩 스타일에 싫증을 느꼈다면 블랙 컬러의 모던한 패딩 베스트로 에너지 넘치는 비즈니스맨이 되어보자.

지적이고 부드러운 가을 멋쟁이
V넥 니트 풀오버

V넥 니트는 라운드 네크라인의 티셔츠부터 각종 칼라의 셔츠까지 안에 입는 옷에 따라 다양한 매력을 발산할 수 있다. 특히 길이가 엉덩이를 덮지 않는 짧고 핏되는 니트 풀오버가 단신을 커버하는 데 효과적이다. 목이 너무 파이지 않은 것으로 선택하고 단색보다는 아가일 등 체크 패턴이 있는 것이 단정한 마무리를 돕는다. 유니클로나 GAP 등 캐주얼 브랜드에서 5만원대 안팎으로 합리적으로 즐겨보자.

길어 보이면서도 클래식한
아가일 체크 패턴

마름모꼴이 연상되는 아가일 체크는 그 무늬만으로도 길이가 늘어나 보이는 효과가 있다. 상의는 최대한 단순하게 입는 것이 좋다. 헌팅캡이나 뉴스보이 캡 등으로 포인트를 준다면 영국 스타일의 댄디한 룩으로 완성된다. 젊은 취향이라면 아가일 체크 중 하나의 컬러와 같은 보타이를 매치해보자.

스트라이프 패턴의 V넥 니트 풀오버는 백화점과 시장, 인터넷 쇼핑몰 등에서 가장 흔하게 만나는 아이템이다. 도회적인 머린 룩을 연출하기에 좋은 이 패턴은 화이트 셔츠에 솔리드 타이를 매치한다면 지적인 매력을 부각할 수 있다. U넥 니트라면 스포티한 데님 블루종과 매치하여 건강하고 경쾌하게 연출할 수도 있다.

키 커 보이는 데 필수 청바지인 생지 데님 바지가 있다면 와인 컬러의 V넥 니트 풀오버를 추천한다. 이때 상의로는 기본 화이트 셔츠보다는 생지 데님과 같은 짙은 감색이나 검은색 라운드 네크라인의 티셔츠를 입는 것이 세련되어 보인다. 가볍게 청바지를 롤업할 경우 영화배우 주드 로가 즐겨 입는 시티 룩으로도 연출할 수 있다.

좀 더 포멀하게 니트 풀오버를 즐긴다면, 무늬 없는 회색 니트를 곁에 두는 것이 현명하다. 블랙 슈트가 대부분인 국내 남성에게 화이트 셔츠와 타이를 한 번 정리해주는 회색의 니트 풀오버는 신체 비율을 안정감 있게 만들어준다. 슈트와 매치할 때 가장 중요한 것이 니트 풀오버의 기장. 벨트 아래로 내려갈 경우 다리를 짧아 보이게 하므로 핏되면서 벨트 위로 올라오는 길이로 선택하자.

반드시 상의를 바지 안에 넣은 뒤 걸쳐라 카디건

환절기에 가장 필수적인 아이템이 바로 카디건이다. 각진 느낌이 아닌 자연스럽게 떨어지는 아우터의 개념이라 단신남의 약점을 커버하는 데 적합하다. 카디건을 활용할 때 가장 신경 써야 하는 부분은 안쪽 상의의 연출법이다. 카디건의 단추를 채우지 않는 경우에도 안쪽 상의는 무조건 바지 안으로 넣어 입는 것이 다리 라인을 길어 보이게 한다. 그렇다면 롱 카디건도 시크하고 자연스럽게 다리가 짧아 보이지 않는 선에서 매치할 수 있다. 카디건은 최범석, 강동준, 고태용 등 국내 젊은 남자 디자이너들의 남다른 감성으로 10~20만원대로 구입이 가능하다.

열지 말고 채워라
지퍼 카디건

직장인이 가장 선호하는 형태의 카디건이 바로 집업 장식의 지퍼가 부착된 카디건이다. 점퍼처럼 편하게 입을 수 있으며 타이를 맨 셔츠 차림에 걸쳐 입기에도 부담이 덜하다. 연출할 때 포인트는 지퍼를 열지 말고 채워야 한다는 점. 또한 타이의 컬러와 카디건의 컬러가 같으면 좀 더 길어 보이는 효과를 주므로 센스 있는 컬러 매치에 신경 쓸 것.

강동원이나 오다기리 죠 같은 스
타일리시한 남성 배우들이 주로
선택하는 것이 바로 후드 카디건
이다. 무심한 듯 걸쳐주면 소재가
두껍든 얇든 꽤나 멋진 그림으로
완성된다. 상의보다 어두운 컬러
로 선택하면 작아 보이는 위험에
서 벗어날 수 있을 것. 또한 될 수
있는 한 후드나 비니 모자를 함께
쓰지 말고 머리를 드러내는 것이
훨씬 더 길어 보일 수 있다.

최고급의 보온 소재인 캐시미어
카디건은 남성이라면 누구나 갖
길 원하는 아이템 중 하나다. 이
카디건을 더욱 멋스럽게 입으려
면 일단 무채색보다는 따뜻한 느
낌의 컬러감이 있는 파스텔 톤으
로 선택하자. 캐시미어의 순수하
고 고급스러운 느낌을 살릴 수 있
으며 블랙 슈트나 코트 사이에서
포인트 컬러로 활용할 수 있다.

길이가 긴 카디건은 캐주얼한 룩
이나 록 스타일을 추구하는 남성
이라면 누구나 탐낸다. 하지만 키
작은 남자에게는 짧은 키만 부각
할 수도 있다. 이러한 악영향을 줄
이기 위해서는 일단 상의를 카디
건에 비해 밝은 것으로 선택한 뒤,
카디건을 채우지 말고 입는 것이
좋다. 또한 스트레이트 핏의 바지
를 선택한 뒤 반드시 굽이 있는 부
츠를 신는다.

워싱하지 않아서 길어 보이는 생지 데님 바지

변진섭이 외치던 '청바지가 잘 어울리는 여자'는 옛 노래 속에만 머물지 않고 지금도 남성들이 여성의 미를 평가하는 '희망 사항' 중 하나다. 여성들 역시 마찬가지다. 하지만 청바지가 잘 어울리는 남자가 되기 위해서 반드시 지녀야 할 긴 다리가 없다. 그렇다고 좌절하진 말자. 워싱이 없는 짙은 생지 데님 바지라면, 신체적 약점은 보충하면서 '센스' 있다는 칭찬도 받을 수 있을 테니까! 두고두고 입으려면 전문 생지 데님 브랜드인 A.P.C에서 20만원대로 구입하자.

펑키하게 연출하기 좋다
컬러풀한 스티치 스타일

생지 데님이라고 해서 무조건 클래식하게 연출되는 것은 아니다. 화이트가 아닌 옐로나 레드 혹은 오렌지등의 컬러 스티치가 돋보이는 생지 데님 바지를 선택하면 펑키하면서도 자유분방해 보인다. 힙합이나 그런지한 룩을 즐긴다면 넉넉한 사이즈의 티셔츠와 매치해도 좋을 것이고, MT나 가벼운 데이트를 갈 경우라면 피케 셔츠나 후드 티셔츠와 매치하여 신선한 매력을 어필해보자.

가볍게 접어도 짧아 보이지 않는다 **롤업 스타일**

이 책에서 두 번 다시 권하지 않을 롤업 스타일이 용납되는 것이 바로 생지 데님 바지다. 생지 데님은 일반적인 워싱 데님에 비해 시선이 분산되지 않아 깔끔하면서도 슬림한 시각 효과를 불러온다. 따라서 밑단을 2~2.5㎝ 정도만 접어도 괜찮다. 만약 기장 수선이 필요한 경우라면, 세탁소에 맡기기 전에 롤업할 경우를 미리 말해 밖으로 보이게 되는 수선 부분에 신경을 쓰는 것이 좋다.

평소 청바지와 재킷 혹은 셔츠의 매치를 즐긴다면, 스트레이트 핏의 생지 데님을 권한다. 배기 핏보다 날씬해 보일 뿐 아니라 운동화가 아닌 구두와도 잘 어울린다. 약간 허벅지가 타이트한 느낌을 주는 꼭 맞는 것으로 선택하면 된다. 생지 데님 브랜드로 유명한 프랑스 브랜드 A.P.C나 데님 전문 브랜드 리바이스에서 나오는 스트레이트 핏이라면 좀 더 클래식한 청바지 연출에 도움이 될 것이다.

키는 작지만 날씬한 당신이 더욱 과감하게 생지 데님을 연출하고자 한다면, 스키니 핏으로 선택할 것을 권한다. 블랙 컬러의 진보다는 세련된 감각을 표현할 수 있으면서도 부츠나 스터드(Stud : 징 모양 금속 장식) 액세서리, 가죽 재킷 등 록스타들이 좋아하는 '록 시크(Rock Chic)' 아이템과도 훌륭하게 매치되기 때문이다. 물론 타이트한 블랙 재킷과 매치하여 디올 옴므의 에디 슬리먼 식 초창기 슬림 룩을 연출해도 좋다.

무릎 위로 올라와야 길어 보인다 반바지

무릎보다 아래로 내려오는 7부나 8부 길이의 펑퍼짐한 카고 반바지에 통(thong : 쪼리 형태의 여름 슬리퍼)을 신는 것은 바닥에 붙어 다니는 행위나 다름없다. 따라서 우리는 무릎의 선을 유지하거나 그보다 짧은 반바지에 길들여져야 한다. 종아리를 드러낼 용기만 갖는다면, 아무리 낮은 단화를 신어도 길어 보이는 효과를 가져올 수 있다. 리바이스나 캘빈 클라인처럼 유명 데님 브랜드의 가을 세일을 활용해보자.

워싱에 따라 스타일을 결정하자 청 반바지

빈티지한 워싱의 청 반바지는 구릿빛 종아리 근육이 받쳐줘야 섹시해 보인다. 반대로 생지 소재의 반바지는 이지적으로 보인다. 스타일링도 나뉜다. 전자는 마치 카우보이처럼 데님 셔츠나 스웨이드 부츠 등으로 웨스턴 룩을, 후자는 클래식한 블랙 재킷과 입어 댄디 룩으로 연출하자.

주머니가 없는 스트레이트 핏으로 선택하자 **면 반바지**

면 소재의 반바지에는 흔히 양쪽에 주머니가 달려 있다. 하지만 양쪽으로 처리된 주머니는 시선이 가로로 퍼져 작은 키를 부각시키는 역효과를 가져온다. 정갈한 스트레이트 핏의 반바지에 테니스 룩을 연상시키는 피케 셔츠를 입어보자. 날씨가 쌀쌀하다면 허리가 아닌 어깨에 살짝 니트를 걸쳐도 좋다. 센스 있으면서도 스포티한 느낌의 귀공자로 변신할 수 있을 것이다.

양말이 중요하다 **마 소재의 슈트용 반바지**

반팔 재킷과 더불어 디자이너들이 사랑하는 아이템이 바로 반바지 슈트다. 배우 차승원이 즐겨 입듯이 단정한 화이트 셔츠와 조끼를 활용하고 슈트용 반바지를 입은 뒤 양말을 신지 않고 구두를 매치하는 것이 좋다. 이때 가장 주의해야 할 점이 바로 양말의 선택! 절대 스포티한 발목 양말은 금물이다.

평상복으로도 손색없는 **스포티한 반바지**

복서를 연상하게 만드는 스포티한 반바지는 민소매 상의와 매치하면, 남성미가 물씬 풍기는 스포츠 룩으로 완성할 수 있다. 포멀한 재킷이나 반바지와 비슷한 소재의 현란한 패턴의 상의와 함께 연출하여 믹스&매치를 즐겨보는 것도 좋을 듯. 이러한 스포티한 스타일의 반바지는 주로 스포츠 브랜드에서 구입할 수 있다.

STEP 2/08

단추가 허리선 위로 올라온 원버튼 재킷

재킷은 남성복에서 4계절 내내 활용도가 높은 중요한 아이템이다. 여기에서는 공식석상에서 입는 슈트의 재킷이 아닌 개별적으로 연출이 가능한 인포멀(informal)한 재킷을 말하고자 한다. 키가 커 보이고자 한다면 허리선보다 위에 단추가 달린 원 버튼 재킷을 선택하는 게 좋다. 또한 살짝 어깨에 패드가 들어간 것을 선택하면 역삼각형 실루엣으로 비쳐 운동한 효과까지 줄 수 있다. 계절별로 제대로 된 재킷을 구입하는 것이 이익이므로 기본 재킷은 최소 30만원은 주고 전문 브랜드에서 사자.

언제 어디서나 입을 수 있는 블레이저 재킷

캐주얼뿐 아니라 포멀한 룩에도 어울리는 재킷으로 감청색이나 블랙, 화이트 컬러에 금장 단추, 엠블렘 같은 장식이 있는 것이 특징이다. 벨벳부터 면까지 소재도 다양하므로 계절별로 한 장씩 구입해두면 활용하기에 좋은 아이템이다. 원 버튼을 선택하여 청바지에 스니커즈, 그리고 페도라로 포인트를 준다면 와인 파티에 가기에도 제격이다.

캐주얼, 정장 양쪽으로 활용 **콤비네이션 재킷**

스포츠 재킷이라고도 하며 흔히 '콤비 재킷'이라고 줄여서도 부른다. 여름에는 마나 시어서커 (seersucker : 오글오글한 주름을 줄무늬처럼 짜낸 천), 겨울에는 코듀로이나 트위드(tweed : 간간이 다른 색깔의 올이 섞여 있는 두꺼운 모직 천) 등의 소재가 대표적이다. 청바지와 매치하면 캐주얼하고. 정장 바지와 입으면 클래식하다. 시어서커나 코듀로이처럼 세로로 요철이 들어간 소재를 선택하면 고급스러우면서도 상대적으로 길어 보인다.

고급스러운 남성미를 추구하는 **턱시도 재킷**

라펠에 실크 소재로 포인트가 들어간 턱시도 재킷은 지적이면서도 차분한 매력이 있다. 허리 라인이 조금 들어간 원 버튼을 선택한다면 뒷모습까지 굉장히 섹시하다. 이때 청바지를 입으면 한결 여유로워 보인다.

개성 있으면서도 날씬해 보인다 **체크 패턴 재킷**

준야 와타나베나 다카다 겐조 같은 일본 디자이너들이 사랑하는 체크 패턴의 재킷은 사실 도전하기에는 쉽지 않다. 하지만 치노 바지나 생지 데님 바지처럼 튀지 않는 스타일의 하의를 입는다면 그렇게 어렵지 않은 아이템이 될 수도 있다. 특히 체크 패턴의 재킷은 신장과 관계없이 상체를 슬림하고도 길어 보이게 하는 효과가 있다.

STEP 2/09

옷차림을 우아하고
풍요롭게 만든다 베스트

드라마 〈내조의 여왕〉에서 인상 깊은 역할을 한, 태봉 씨(윤상현)가 띄운 아이템이 바로 조끼, 베스트다. 실제로 윤상현은 키가 그리 크지 않은데도 베스트를 잘 활용해 슬림하면서도 센스 있는 비율을 완성해 여성들의 절대적인 지지를 받았다. 베스트라면 누구나 태봉이가 될 수 있을 것! 한번 구입해서 오래 입으려면 맞춤 슈트와 함께 제작하는 것도 현명한 방법이다.

턱시도 베스트

어느 지인의 결혼식. 신랑의 키는 하이힐을 신은 신부와 견주었을 때 비슷한 수준이었다. 하지만 신랑이 결코 왜소해 보이지 않았던 이유는 바로 턱시도 베스트를 잘 활용했기 때문이다. 주로 실크나 벨벳 같은 고급 소재로 만들어지는 턱시도 베스트는 이처럼 결혼식에 활용하기 좋은 아이템이다. 턱시도 베스트로 몸의 비율을 나눠 신장을 왜곡시키는 효과에 빠져보자.

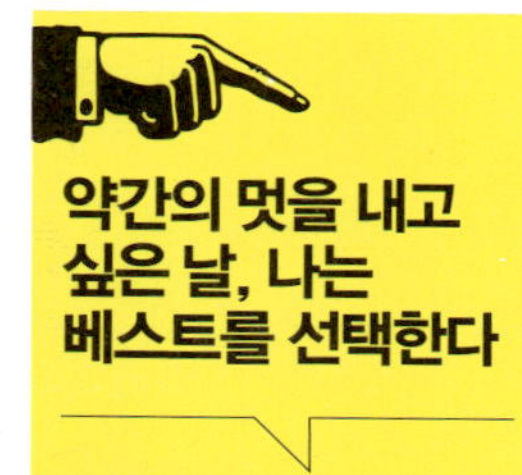

칼라가 달려 정장스러운
라펠 베스트

라펠 베스트를 입을 경우 가장 중요한 점은 셔츠를 같이 매치하여 칼라가 부딪힐 수 있다는 점이다. 따라서 기본적으로 라운드 네크라인의 민무늬 티셔츠 위에 입는 것도 좋은 방법이다. 칼라가 뾰족한 것보다는 둥글게 라운딩 처리가 되어 있는 것이 온화한 매력을 풍길 수 있다. 기장은 배꼽에 찰랑찰랑 와 닿는 짧은 것으로 선택할 것.

지적인 남자로 보이는
더블릿(doublet) 베스트

간혹 영화에서 몸 좋은 남자들이 상체에 아무것도 걸치지 않고, 더블릿 베스트만 입는 경우를 볼 수 있듯이 베스트 중에서 가장 에지 있는 커팅이 돋보인다. 그래서 여성에게 섹시한 매력을 어필할 수 있다. 따라서 통통하거나 깡마른 체형이 아닌 배우 소지섭처럼 어깨도 넓고 역삼각형 형태로 몸이 잘 빠진 남성에게 추천한다. 깔끔한 슈트 팬츠와 연출하면 지적으로도 보인다.

블랙 바지와 입으면
세련미 2배 블랙 셔츠

서양 남성들은 화이트 셔츠만큼이나 블랙 셔츠를 아끼고 즐겨 입는다. 키가 크지 않은 남자에게는 이 블랙 셔츠가 필수 아이템이라 할 수 있다. 아무래도 화이트 바지보다 블랙 바지를 많이 갖고 있기 때문인데, 블랙 셔츠는 슈트 안에 착용하든 블랙 바지와 블랙 셔츠만 입든 다 멋스럽다. 살짝 팔을 걷어 손목을 보여준다면 그 효과는 더욱 커진다. 이제 당신의 얼굴과 체형에 따라 다음의 다양한 칼라를 선택하면 된다. 송지오나 정욱준 등 국내 디자이너 브랜드에서 10~20만원대로 만나보자.

얼굴과 체형이 큰 사람이라 면 와이드 스프레드 칼라

양쪽 깃의 벌어진 각도가 100도 이상 나는 것으로 윈저 공이 디자인해서 영국 왕실의 전통과 품위가 느껴지는 스타일이다. 이때는 반드시 타이 역시 두꺼운 것으로 매어야 하는데 이런 클래식한 스타일은 풍채가 좋고, 얼굴이 각진 사람들이 잘 어울린다.

타이를 매는 것이 원칙 **버튼 다운 칼라**

양쪽 깃의 끝에 단추 여밈이 있는 스타일. 흔히 타이를 매지 않는 경우가 있는데 사실 이 디자인은 영국 신사들이 운동하면서 타이가 돌아가지 않도록 한 데서 고안된 것으로 타이를 매는 것이 원칙이다.

몸이 왜소하다면 **롱 칼라**

옷깃의 폭이 좁고, 칼라의 길이가 긴 스타일을 말한다. 아무래도 뾰족한 깃의 삼각 느낌이 적나라하게 드러나다보니 샤프한 얼굴에 마른 몸매를 지닌 사람들이 선택해야 통일감이 느껴진다.

예술적 감성이 있다면 **밴드 칼라**

개화기 중국인들이 애용했던 스타일로, 흔히 '차이나 칼라'라고도 한다. 단추를 끝까지 채우는데도 자유분방한 느낌을 주는 이 셔츠는 얼굴이 크지 않고 계란형의 느낌을 주는 사람에게 더욱 잘 어울린다.

우아한 모범생의 이미지라면 **라운드 칼라**

깃의 마무리가 둥글게 된 스타일. 머리를 가지런히 2:8로 빗어 넘기는 귀공자 취향이라면 잘 어울린다. 타이를 맬 경우에도 매듭의 크기를 최대한 줄이도록 하자.

숨은 매력을 찾아주는
맞춤용 슈트

우리나라보다 평균적으로 더 단신인 일본 남성들이 슈트를 더 잘 입는 이유는 무엇일까? 바로 이 비밀은 맞춤용 슈트에 굉장히 적극적이라는 사실에서 시작한다. 그들은 최소한 슈트만큼은 기성복이 주는 한계를 깨닫고, 맞춤용 슈트가 주는 특별한 핏을 통해 키만큼이나 패션 센스도 성장하고 있다. 다음 4가지 법칙에 맞춰 20만원부터 몇백만원까지 다양한 가격대의 맞춤용 슈트에 형편껏 도전해보자. "이 양복 어디서 산 거야?"란 질문을 듣는다면 성공한 것이고 곧 중독될 것이다.

검정보다는
감청색이나 회색

왜소하든 그렇지 않든 보통키의 남자에게 검정색 슈트는 키를 더욱 작아 보이게만 할 뿐이다. 신뢰감을 주는 감색이나 야무진 매력을 주는 회색을 선택한다면 훨씬 더 커 보이고, 세련된 이미지도 줄 수 있다. 게다가 검정색 슈트에 비해 더 잘 드러나는 피팅감이 맞춤용 슈트의 고급스러운 매력을 한층 더 부각시켜준다.

민무늬보다는 **가는 줄무늬 패턴**이 신뢰를 준다

구입하는 슈트가 두 번째라면 반드시 가는 줄무늬 소재를 선택하길 바란다. 단색이 아닌 줄무늬 패턴은 자칫 경박스러워 보일까봐 걱정이 앞서긴 하나 간격이 좁고 줄무늬의 색이 도드라지지 않는다면, 안정적이면서도 침착한 매력을 준다. 물론 신체적으로 길어 보이는 느낌도 드러낼 수 있다.

첫 시작은 뒤트임이 **가운데 하나인 스타일로**

가장 고민이 되는 부분 중 하나가 바로 뒤트임의 형태다. 하지만 가운데에 하나의 트임이 있는 센터 벤트가 기본적으로 유리하다. 트임이 없는 노벤트는 정중한 느낌을 주는 대신 답답해 보이고, 양쪽으로 트임이 있는 사이드 벤츠는 격식 있는 자리에는 가장 좋지만 허리가 길어 보이거나 신체가 더 작아 보인다.

바지 밑단은 **앞보다 뒤가 길게** 한다

슈트는 기본적인 것이 좋다. 바지 밑단의 처리 역시 마찬가지다. 한 번 커트가 더 들어간 더블 커트나 앞뒤의 길이가 같은 싱글 커트가 주는 경쾌함도 좋지만, 앞보다는 뒤쪽이 길게 처리된 모닝 커트가 우아해 보인다. 특히 옆에서 볼 때 살짝 다리가 길어 보이는 효과도 있다. 전체 길이는 구두 굽이 반 정도 덮이는 길이로 잡는다.

위아래 컬러를 통일하고 입자
짧은 길이의 어두운 색 코트

단신남들의 가장 큰 고민은 아우터를 선택하는 일이다. 다음 3가지를 기억하자! 밝은 것보다는 어두운 색, 무릎을 넘지 않는 길이, 그리고 코트의 첫 번째 단추 여밈이 배꼽 위에 위치할 것! 스타일링 팁을 하나 더 주자면, 다른 상의와 바지 컬러를 같은 톤으로 매치시켜 날씬하고 길어 보이게 연출해야 한다. 만약 더블 브레스티드를 즐긴다면 길이가 짧은 피코트까지는 괜찮다. 코트는 그 자체가 고가이므로 겨울보다는 여름이나 가을 세일을 활용하여 반값에 구입해보자.

바지의 핏(fit)에 신경 써라
쇼트 코트

허리를 갓 덮는 짧은 길이의 코트는 캐주얼 룩의 인기와 더불어 많아진 아이템이다. 짧은 코트를 입는다고 무조건 다리가 길어 보이는 것은 아니다. 중요한 것은 바지의 핏. 주름이 많이 잡힌 핏이 아닌 주름이 없는 일자 형태의 깔끔한 스트레이트 핏을 입는 것이 훨씬 자연스럽다. 경쾌한 디자인을 즐긴다면, 후드가 달린 쇼트 코트도 좋은 선택이다.

카키색은 남성 코트에서 블랙 다음으로 가장 흔하게 볼 수 있는 컬러다. 중후하면서도 남성다운 매력을 풍겨주기 때문이다. 카키색 코트를 입을 때는 상의와 바지를 카멜 컬러보다는 어두운 컬러로 통일하는 것이 편하다. 화이트보다는 네이비, 밝은 회색보다는 짙은 회색을 선택하여 더욱 시크하면서도 길어 보이도록 완성하자.

사냥개의 이빨처럼 보이는 무늬로 대표되는 하운드투스체크 코트. 그냥 체크에 비해 클래식하면서도 남성적인 느낌을 주어 왜소한 몸을 견고하게 보이는 효과를 가졌다. 단, 체크의 크기가 너무 크면 지나치게 경쾌해 보이므로 4cm 안팎의 것으로 선택하는 것이 좋다. 바지나 코트 안 상의는 한 색으로 통일할 것.

트렌치코트나 밀리터리풍 코트에 흔한 디테일이 바로 허리에 부착된 벨트다. 이 경우 벨트 위치에 따라 때로는 장신으로도 때로는 단신으로도 비칠 수 있다. 우선 착용 시 벨트 위치가 허리 라인보다 조금이라도 더 위에 부착된 것을 선택할 것. 그리고 착용 시에 벨트를 채워 입는 것이 다리 라인을 더 길어 보이게 한다.

5cm 깔창을 대신하는 효과
화이트 슈즈

화이트 슈즈에 대한 고정관념은 확실하다. 초등학교 때 신던 실내화, 가가멜이 잡아먹으려던 스머프의 신발, 그리고 이른바 무스를 잔뜩 바른 날라리들이나 신었던 백(白: 흔히 부르는 된소리로 빽)구두. 하지만 잊지 말자. 센스 있게 매치한 화이트 슈즈야말로 여성의 하이힐 못지않게 길어 보이는 효과를 준다는 사실을! 가격은 천차만별이지만 대학가의 보세 숍에서는 7~10만원대로도 구입이 가능하다.

하나쯤은 갖고 있자
화이트 구두

백구두는 날라리만 신는다? 시대가 지났지만 이러한 편견은 여전히 존재한다. 따라서 반드시 끈이 있고, 굽이 높지 않으며, 너무 반짝거리지 않는 구두로 선택하는 것이 덜 느끼해 보인다. 좀 더 잘 관리하려면 구두를 산 즉시 투명한 구두약이나 왁스를 발라 문지른 뒤에 신도록 한다. 또 외출 후에는 반드시 구두에 묻어 있는 때를 즉시 닦아내주자.

구두가 부담스럽다면
화이트 운동화

화이트 구두가 부담스럽다면 운동화가 대안이 될 수 있다. 특히 스포츠 브랜드에서 나오는 화이트 운동화에는 적당한 에어 장치가 있어 더욱 키가 커 보일 수 있게 한다. 물론 컨버스나 반스같은 브랜드의 스니커즈를 선택해도, 화이트 컬러가 주는 여백의 미는 신장을 바닥에서 5cm 이상 떼어주는 효과를 줄 것이다.

롤업한 바지나 반바지에 좋은 화이트 하이톱 스니커즈

빅뱅이나 샤이니 같은 아이돌 그룹의 스타일에 관심이 많다면, 당연히 하이톱 스니커즈를 신고 싶을 것이다. 이때는 하이톱의 컬러를 블랙보다는 화이트로 구입하는 것이 좋다. 바지를 돌돌 말아 올려 신든, 반바지에 매치하든 젊고 감각적이면서도 길어 보이는 룩을 완성할 수 있다.

운치 있는 멋을 즐긴다면
화이트 로퍼

로퍼는 굽이 낮은 신발을 일컫는 말로, 운전할 때 신는 드라이빙 슈즈부터 머린룩에 잘 어울려 배우 이정재가 즐겨 신는 보트 슈즈까지 모두 총괄할 수 있다. 로퍼는 굽이 낮지만, 선택할 수 있는 대안이 있다. 바로 화이트 컬러의 로퍼! 양가죽보다는 소가죽으로 구입하는 것이 더 실용적이며, 발등에 체인 장식이 없는 것이 좀 더 길어 보이는 효과를 준다.

깔창의 당당한 커밍아웃
부츠

**캐주얼에서 정장까지
만능 코디 밀리터리 부츠**

대한민국 남자들에게 군화는 정말 지겨울 것이다. 하지만 이런 밀리터리 형태의 부츠는 어떤 의상과도 잘 어울리고 무엇보다 다리 라인을 길어 보이게 만드는 특효 아이템이다. 제대한 지 2년이 넘었다면 슬슬 도전해볼 것.

남성들의 신발장은 단출하다. 여성들처럼 다양한 신발의 종류가 없기도 하지만 그만큼 도전 의식도 부족하다. 따라서 출근할 때 신는 구두와 주말에 신는 운동화가 전부인 경우도 수두룩하다. 이런 경우 추천하고 싶은 아이템이 바로 부츠다. 부츠라고 하면, 흔히들 드러나는 굽이 두렵다고 말한다. 하지만 보이지 않는 깔창은 허용하면서 보이는 굽인 부츠는 안 된다는 편견은 이제 버려야 할 때다. 빈티지한 부츠는 동대문 광장 시장에서 10만원대 안으로 구입할 수 있다. 도전하기 쉬운 다음 4가지 아이템부터 시작해보자.

일본 단신남들의 비밀
데저트 부츠

제2차 세계 대전에서 영국군이 사막을 건널 때 신은 것으로부터 유래되었다. 이 부츠는 부드러운 스웨이드 소재가 많아 운동화만큼 활동성도 편하고 털부츠만큼 보온성도 우수하다. 뿐만 아니라 부츠라 하면 막연하게 겁부터 먹는 남자들에게 적당한 굽도 선사하면서 부담없이 도전하기 좋은 아이템이다. 특히 생지 청바지와 잘 어울린다.

늘씬하게 슈트에 매치할 것
사이드 고어 부츠

영국 빅토리아 여왕의 부군인 알바토 공이 신은 것에서 유래하여 '알바토 부츠'라고도 불린다. 뾰족한 앞코에 풀 스트랩을 이용하여 착용하는 앵클부츠로 발목에 스트랩이 있는 부츠는 조드푸르라고 불린다. 슈트와 매치하기에 적절하며, 일단 블랙의 기본적인 디자인부터 소화해보는 것이 좋다. 몸매가 통통하다면 피하자.

이제 출근할 때도 신는다
트레킹 부츠

등산용으로 트레킹이나 하이킹에 활용되는 부츠를 말한다. 요즘 레저 열풍 덕분에 거리에서도 트레킹 부츠를 신는 사람들을 만나볼 수 있다. 특히 슈트나 재킷 등 포멀한 아이템과 매치해도 좋으며, 기본적으로 굽이 5㎝ 이상 되어 다리가 길어 보이는 효과도 있다. 기본 색상인 블랙이나 브라운의 트레킹 부츠를 선택하고 끈의 컬러에 포인트를 주어 센스 있게 연출해볼 것.

활동 폭에 따라 스타일도 달라진다 배낭

남성들의 패션 지수는 가방에 따라 드러난다. 크로스백과 토트백, 그리고 최근에는 손에 들고 다니는 납작한 파우치백까지 패션 센스에 따라 가방 선택의 폭은 진화하고 있다. 하지만 어느 시점에서도 단신인 남성에게 가장 잘 어울리는 것은 단연 배낭이라고 말하고 싶다. 꼭 등산복에 매치하지 않더라도 청바지부터 슈트까지 어떤 룩에도 빛나며 체형도 보완해줄 배낭을 활용해보자. 배낭 하면 누구나 떠올릴 수 있는 다음 4가지 형태의 인기 백팩에 주목해볼 것. 유명 배낭 브랜드인 이스트팩이나 잔스포츠에서 5만원대로 구매할 수 있다.

유행은 돌고 돈다
이스트팩의 천 소재 백팩

1990년대에 고등학교를 졸업한 사람들의 필수품은 바로 백팩이었다. 그리고 그 스타일도 이스트팩이나 잔스포츠에서 나온 것처럼 다양한 컬러 천 소재의 것으로 한정적이었다. 이렇게 끝나버릴 것 같았던 천 백팩이 다시 인기 아이템으로 등장하기 시작한 것은 최근이다. 주 5일제 등으로 인해 레포츠라는 트렌드가 1980년대 복고 열풍을 타고 급부상하면서 특히 자전거족들이 천 소재 백팩의 실용도에 주목하게 된 것. 청바지에 가장 잘 어울리는 백팩이기도 하다.

EASTPAK®
CHRISTOPHER SHANNON

배낭을 메는 게 어울리는 나이는 언제까지라고 생각하는가?

60%
나이와 상관없다고 생각한다

30%
30대 초반까지는 가능하다

10%
오직 학생 시절의 전유물

노트북을 넣어도 끄떡없는
하드 케이스 백팩

만다리나덕, 인케이스, 투미, 그라비스처럼 스포티하면서도 개성 있는 브랜드에서 출시하는 하드 케이스 형태의 백팩. 미래 지향적이면서도 도시적인 느낌을 물씬 풍기는 디자인이 특징이다. 양쪽으로 메지 않고 한쪽 어깨에 크로스로 메는 스타일도 있다. 베이식한 피케 셔츠나 똑 떨어지는 재킷에 발목이 드러나는 9부 바지를 즐기는 사람들에게 사랑받는 백팩이다.

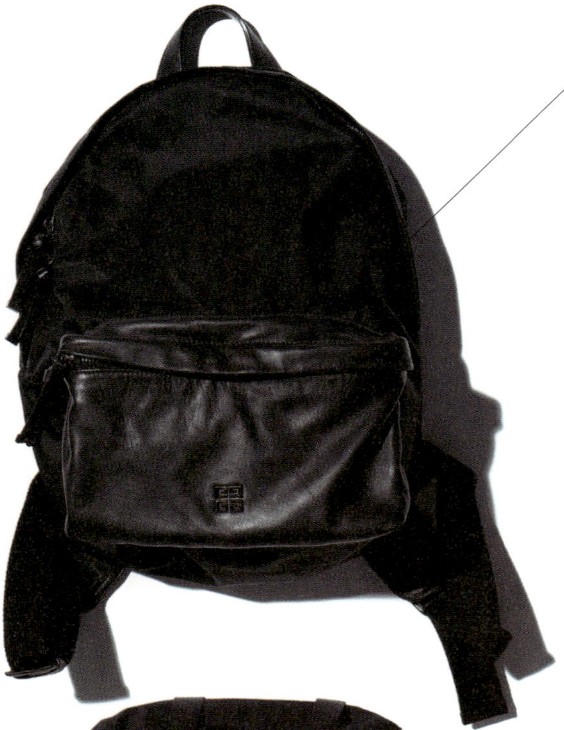

디자이너의 개성이 묻어나는 **스타일리시한 백팩**

백팩이 인기를 모으면서 해외 디자이너들의 컬렉션에도 수없이 등장했다. 특히 별 모양의 스터드(stud : 징 모양의 금속 장식)가 무수히 박힌 지방시의 가죽 백팩이나 부드러우면서도 시크한 감성이 물씬 풍기는 알렉산더 왕의 백팩은 단연 눈에 띈다. 백만원을 호가하는 명품이지만 그만큼 남성들의 가방 형태가 다양해지고 있다는 얘기다. 탐난다면 이와 비슷한 디자인을 동대문이나 인터넷 쇼핑몰에서 찾아보는 것도 좋을 듯.

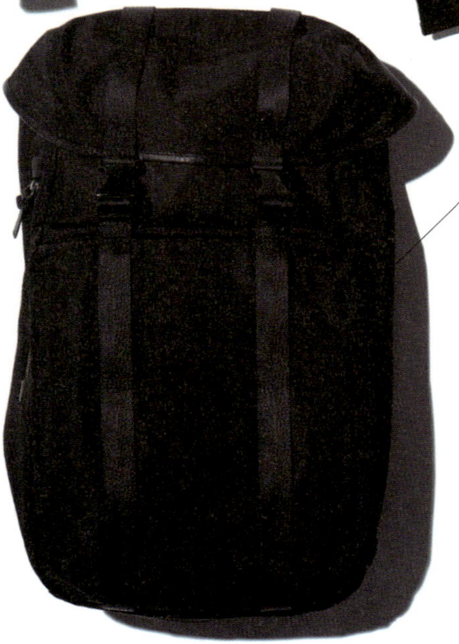

슈트에 매치해도 괜찮은 **포멀한 백팩**

슈트나 포멀한 옷차림에 백팩은 어울리지 않다는 편견은 사실 〈발리에서 생긴 일〉의 조인성으로 인해 말끔하게 해결되었다. 그가 착용한 발리부터 프라다, 돌체&가바나, 구찌, 루이비통 등 수많은 명품 브랜드와 그와 비슷한 컬렉션을 내세우는 중저가 브랜드까지 가죽이나 블랙 컬러의 백팩은 잇따라 출시되고 있다. 키가 작다면 더욱더 브리프케이스나 크로스백이 아닌 슈트에 백팩을 매치하여 신체적 약점도 보완하고 경쾌한 매력도 어필해보자.

09

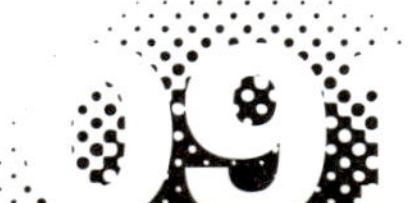

STEP 2/16

절제미가 필요하다
메탈 액세서리

본래 단신인 남자들에게 과도한 액세서리는 좋지 않다. 주렁주렁 뭔가 잔뜩 걸려 있으면 있을수록, 신장은 왜곡되어 작아 보이는 역효과를 불러일으킨다. 이럴 때 참고할 만한 것이 이범수가 즐겨했던 이른바 '스댕 패션'. 바로 단순한 실버 느낌의 금속제 액세서리가 효과적이란 사실을 기억하자. 착용도 과하지 않은 범위에서 최대한 절제하며 매치하는 것이 좋다. 개성 있는 메탈 액세서리는 홍대나 이태원의 로드숍에서 쉽게 만날 수 있다. 같은 제품도 강남의 숍이 확연히 비싸다.

심플하고 너무 처지지 않도록 맨다 허리 체인

물론 지갑을 분실하지 않기 위함도 있지만 허리에 매는 체인은 장식 효과를 위한 것이다. 캐주얼한 록 스타일을 즐기는 젊은 남성은 허리 체인에 더욱 세밀한 연출이 필요하다. 너무 긴 체인을 주렁주렁 매달면 더 아담해질 뿐이다. 한 줄만 심플하게 엉덩이 라인을 내려오지 않는 높이에서 매는 것이 좋다.

쿨한 매력을 더한다
금속 시계

남자에게 시계는 자동차만큼이나 값진 필수 아이템 중 하나다. 따라서 제대로 된 첫 번째 시계를 처음 갖게 되는 순간의 환희는 말로 다 하기 힘들다. 가죽 밴드보다는 메탈릭한 스틸 밴드의 시계를 추천한다. 가죽 밴드에 비해 단절된 듯한 답답한 느낌이 적다. 또 심플하면서도 손목이 길어 보여 전체적으로 키가 커 보인다. 어느 옷차림에도 무난히 어울려 스타일링을 처음 시작하는 단계에서 가장 훌륭한 액세서리가 된다.

커다란 펜던트는 NO
목걸이

다 알고 있다. 가끔은 번쩍이는 큰 펜던트가 있는 목걸이를 하고 싶고, 두꺼운 금 목걸이도 보란 듯이 걸고 싶다는 사실을! 하지만 참아야 한다. 키 작은 남자에게는 심플한 굵기와 펜던트가 달린, 혹은 펜던트가 없는 체인 형태의 목걸이가 알맞다. 만약 가는 줄이라면 다소 길이가 긴 목걸이를 티셔츠 위로 매치하는 것도 괜찮다.

심플한 링 형태가 좋다
반지

남자들에게 반지는 '사랑'과 연관 검색어다. 결혼 전에 여자 친구에게 커플링을 종용받아 수없이 만들어보기도 하고, 결혼 후에는 역시 결혼반지로 착용하는 것이 대부분이다. 이 경우 남자의 의견은 거의 반영되지 않는 것이 관례. 하지만 단순한 형태의 메탈릭한 실버링으로 적극 의견을 개진해보자. 디자인이 화려하거나 골드 빛이 돈다면 당신의 신장에 해를 끼칠 수도 있다는 사실을 잊지 말고!

모자의 높이만큼 늘어난다
중절모

키가 크지 않은 내가 개인적으로 자주 활용하는 비장의 아이템이 바로 중절모다. 흔히 1950~60년대 할리우드 영화에서 파이프를 물고 써야 할 것 같지만, 정석보다는 캐주얼하면서도 댄디한 매력을 뽐내기에 걸맞은 액세서리다. 게다가 비니보다 훨씬 챙이 높아 얼굴도 작아 보이면서 키도 커 보이게 하므로 당신에게도 추천하고 싶다. 동대문이나 인터넷 쇼핑몰의 전문 모자 숍에서 5만원 안팎으로 구입할 수 있다.

할리우드 젊은 패셔니스타의 잇 아이템 더비, 보울형

흔히 찰리 채플린 모자라고 불린다. 하지만 현재는 슈퍼모델 케이트 모스의 전 남친인, 피트 도허티를 비롯한 다양한 패셔니스타들의 파파라치 룩에서 만나볼 수 있다. 크라운(몸체)이 동글동글하여 각진 얼굴형인 사람이 쓰면 상대적으로 슬림한 라인을 만들 수 있다. 둥근 얼굴형은 더욱 동그랗게 보이므로 조심하길. 또한 펠트 소재는 겨울용 제품이므로, 여름에는 삼가는 것이 좋다.

밀짚으로 만들어진 평평한 형태의 모자를 말한다. 챙이 넓은 스타일이므로 얼굴이 작지 않다면 도전하지 않는 편이 좋다. 또한 귀엽고 사랑스러운 매력을 주므로 터프한 이미지를 추구한다면 쳐다보지도 말 것. 머리가 길지 않다면 앞머리를 아예 꺼내지 않는 편이 훨씬 더 경쾌해 보일 것.

페도라는 중절모의 맵시를 살려 낸 모자로, 몸체를 둘러싼 리본이 있으며 모자의 천장을 살짝 누른 형태가 기본이다. 일본이나 유럽에서는 장인이 제대로 만든 페도라가 때로 슈트 한 벌보다 비싸다. 신사처럼 연출하든, 캐주얼하게 연출하든 중요한 것은 페도라 하나로도 멋내기는 충분하다는 사실이다. 서스펜더(멜빵)나 보타이를 더하는 오류를 범하지 말자.

보터형은 모자의 정수리 부분과 챙이 납작한 모자로 밀짚으로 만들어진 게 많았으나 현재는 다양한 소재로 나온다. 정수리 부분이 납작하므로 두상이 작아야 더욱 잘 어울리며, 다른 페도라가 중후함을 주는 데 비해 캐주얼하면서도 젊은 이미지가 풍긴다. 지적인 동안을 어필할 수 있어 일부 나라에서는 이러한 보트 형태의 모자를 교모로 활용하기도 한다.

장소에 따라 매는 법을 다르게 스카프

남자들이 유일하게 쉽게 멋내는 액세서리가 넥타이다. 조금 현란한 프린트나 컬러로 멋내고 싶은 마음을 달래보는 것. 하지만 좀 더 로맨틱하게 연출하고자 한다면 스카프를 추천한다. 어깨를 감싸는 큰 스카프보다는 가볍게 목과 셔츠의 깃에 두르는 중간 혹은 작은 사이즈의 스카프가 키를 커 보이게 한다. 키가 커 보이도록 매는 법 4가지를 숙지한 뒤에 도전해보자. 동대문 시장에서 1만원대에 판매되는 작은 스카프로 시작해도 좋다.

상의와 같은 컬러로 두른다 프티 스카프

가벼운 니트 스웨터를 입었을 때 같은 컬러의 손수건만 한 프티 스카프를 살짝 목에 둘러주면 생기 넘치는 룩으로 완성할 수 있다. 셔츠라면 안쪽에 살짝 둘러주고 자연스럽게 목의 단추를 2개까지 풀어주는 것이 좋다. 하의의 컬러와 스카프의 컬러가 같으면 단절되어 신장을 작아 보이게 만들므로 상의의 컬러에 맞추도록!

타이 대신 스카프를 두른다 **롱 스카프**

가장 기본적인 스카프 연출법은 바로 넥타이 대신 셔츠의 깃 사이에 스카프를 매어 연출하는 것이다. 매는 법은 넥타이 연출법과 같다. 이럴 경우 스카프가 주는 화려함을 슈트와 같은 톤의 행커치프로 선택하여 한번 눌러줄 필요가 있다. 그렇다면 전체적으로 슬림해 보이면서도 스카프에 모든 초점이 맞춰져 제대로 멋 내는 데 성공할 수 있다.

재킷과 함께 매치할 것 **매듭을 내어 늘어뜨리기**

약간 길이감이 있는 스카프를 목에 둘러 매듭을 짓고 앞쪽 갈래를 뒤로 돌린 뒤 다시 앞쪽으로 빼어주면 자연스럽게 매듭을 내어 늘어뜨린 스타일로 완성할 수 있다. 이러한 연출법은 재킷을 입었을 경우에 더욱 빛난다. 단, 전체적인 컬러의 톤을 통일하는 것이 좋다.

아우터와 같은 톤으로 **숄처럼 두르기**

어깨를 숄처럼 둘러 살짝 감싸주는 연출법은 아무래도 키를 더 작아 보이게 만들기 쉽다. 이 경우 가장 중요한 것이 아우터와 같은 톤의 컬러가 담긴 스카프를 선택해야 한다는 점이다. 또한 가장자리에 술이 많지 않은 단순한 스카프가 키가 커 보이는 룩을 완성하는 데 도움이 된다.

차가운 도시 남자의 매력
사선 스트라이프 넥타이

요즘 명동이나 신촌 등 시내에 나가보면 보타이를 하는 젊은이들을 흔히 목격할 수 있다. 하지만 보타이는 그야말로 개성과 격식의 특권 아니던가! 넥타이를 매야 하는 보통의 남자들에게 단연 추천하는 것은 바로 레지멘털 스트라이프 타이다. 사선으로 줄무늬가 되어 있어 슬림하면서도 길어 보이는 효과를 준다. 넥타이의 길이는 벨트 버클을 가리기 직전까지 매어주는 것이 프로포션에 좋다. 이제 이 넥타이를 선택했다면, 다음의 넥타이 매는 패턴 5가지를 통해 자신의 취향과 다른 약점까지 반영해보자. 처음 시작한다면 동대문이나 인터넷 쇼핑몰에서 만날 수 있는 3만원대 이하의 저렴한 것으로 출발할 것. 다룰 기간이 필요하기 때문이다.

슬림한 얼굴형이라면 **플레인 노트**

타이를 감은 뒤 생긴 고리에 타이를 집어넣어 딤플을 완성하는 방법. 가장 기본으로 어떤 형태의 셔츠 칼라와도 어울린다. 매듭 모양이 길고 가늘어서 전체적으로 슬림한 얼굴과 체형을 지닌 사람에게 어울린다.

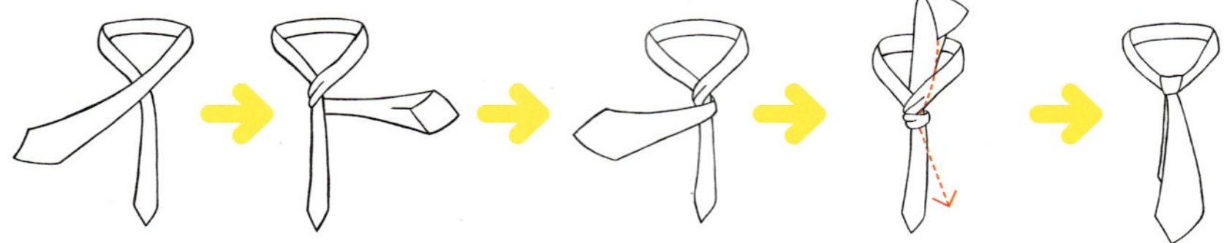

어깨가 좁다면 **더블 노트**

플레인 노트를 한 번 더 감아 이중 고리를 만들어 매듭을 완성하는 방법. 두 번을 감으므로 애당초 길이가 긴 넥타이의 경우에 활용하기 좋다. 어깨가 좁은 사람에게 어울리는 롱 셔츠 칼라와 매치하면 좋다.

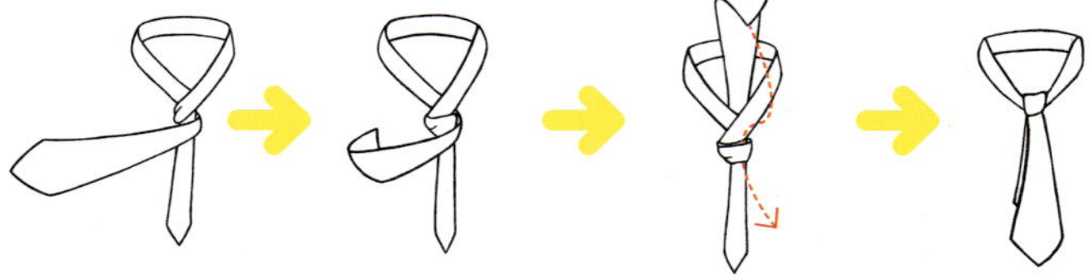

둥글고 큰 체형이라면 **윈저 노트**

타이를 왼쪽과 오른쪽에 번갈아 건 뒤, 고리에 타이를 집어넣어 완성하는 방법. 감는 부분이 가장 많아 볼륨감을 살릴 수 있고 폭이 넓어 단단한 인상을 주므로 체형이 크고 얼굴이 둥근 사람이 매면 샤프하게 연출할 수 있다.

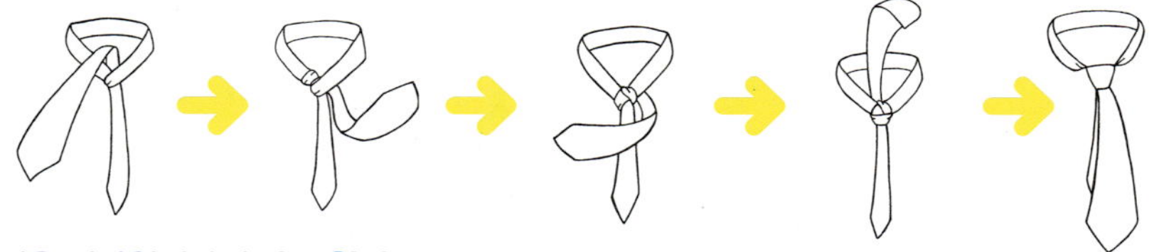

젊은 회사원이라면 **하프 윈저 노트**

타이를 왼쪽으로 180도 돌린 다음 앞에서 뒤로 돌려 뺀 뒤 고리에 타이를 집어넣어 완성하는 방법. 좌우 비대칭이 주는 시크한 매력이 일품이다. 바쁜 출근 시간에 좀 더 손쉽고도 세련되게 맬 수 있다.

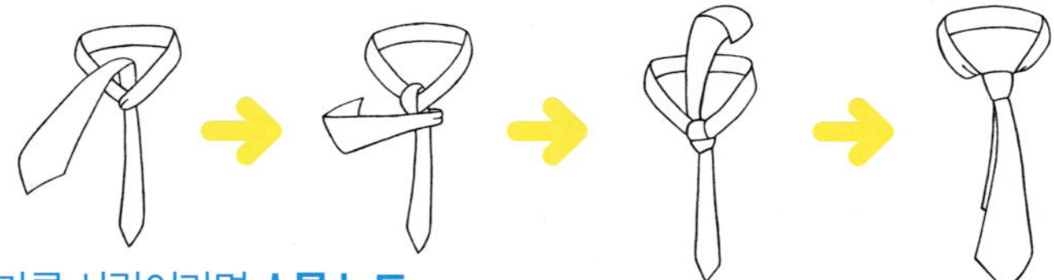

마른 사람이라면 **스몰 노트**

타이를 아래에서 위로 180도 돌린 후 고리에 타이를 집어넣어 완성하는 방법. 슬림한 슈트에 어울리는 가장 얇고 가는 모양의 스몰 노트. 마르고 단신인 남성은 길어 보이는 효과를 주지만, 통통한 체형은 피하는 것이 좋다.

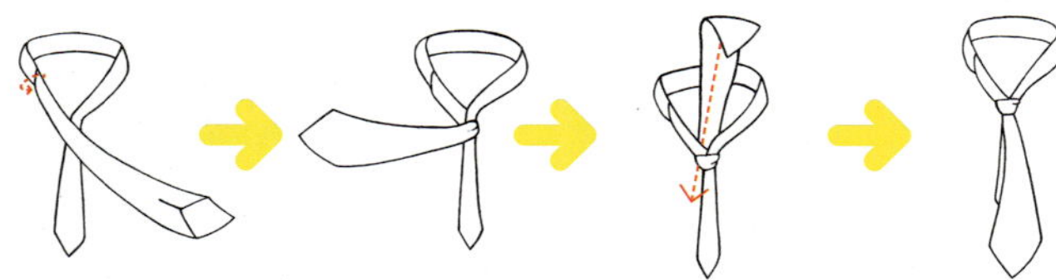

옆머리를 붙이는 것이 대세
쇼트커트 헤어

축구 선수 박지성은 예전의 더벅머리에서 벗어나 짧게 커트한 헤어스타일 덕분에 훨씬 더 샤프하고 갸름해진 모습을 얻을 수 있었다. 단신남이여, 테리우스는 버려라. 최대한 옆머리를 붙이거나 옆머리를 밀어버리는 것이 키가 커 보일 수 있다.

강약의 조절이 필요하다
모히칸 커트

개성 있는 스타일을 즐긴다면 앞머리와 옆머리를 짧게 치는 모히칸 커트에 도전하는 것도 좋다. 아이돌 그룹의 이미지 변신에 사용되는 헤어스타일이다. 다소 강한 것이 부담된다면 옆과 앞에 머리를 남겨두는 소프트한 모히칸 커트나 옆머리를 다운 파마로 눌러준 뒤 윗머리를 살짝 띄운 윈드 모히칸 커트로 연출할 수 있다.

최대한 빳빳하게 세워라
스파이키 커트

20대 혹은 젊은 취향이라면, 빳빳이 삐죽삐죽 머릿결이 선 듯한 스파이키 스타일이 좋다. 단연 꼿꼿이 선 머리로 인해 키가 커 보이는 효과가 있고, 옆머리를 최대한 붙여준다면 얼굴형 또한 슬림해 보일 수 있다. 전체적으로 머리 길이를 짧게 한 뒤 앞머리를 내리는 것보다 올리는 것이 상대적으로 더 길어 보인다.

STEP 3

몇 해 전 개그맨 A씨와 인터뷰 촬영을 한 적이 있다. 스튜디오에 들어서자마자 넉살 좋은 입담을 뽐내던 그에게 정통 슈트를 입히자, 그가 나에게 이런 말을 건넸다. "역시 남자는 양복을 입으면 달라지는 것 같아요! 저절로 어깨에 힘이 들어가니까요. 이게 바로 양복의 힘인가?"
그렇다. 슈트는 남성성과 직결되어 있다. 슈트는 활용하기에 따라, 작아서 마냥 귀여워 보인다는, 우리 평범남에 대한 편견을 넘어설 수 있는 최상의 옷이다. 지금부터 무수한 옷입기와 옷입히기를 통해 내가 터득한 22가지 스타일 팁을 기억한다면 반드시 승리할 수 있다.

키가 커 보이는 정장 스타일 레슨

어디에나 잘 어울리는 한 벌의 힘 회색 슈트

대학 입학을 준비하던 10여 년 전 겨울의 어느 날, 아버지가 나에게 30만원이라는 거금을 주시며 이렇게 말씀하셨다.

"이제 너도 양복을 입을 때가 됐구나. 점잖고 기품 있는 것으로 한 벌 사 입어라."

당시만 해도 아버지는 아들의 튀는 행색을 단순히 한때 지나가는 '관문'쯤으로만 여겼으리라. 아버지가 강조하신 '점잖은' 것의 의미를 모르는 게 아니었지만, 내게 양복은 고등학교 3년 내내 지겹게 입었던 교복의 연장선에 있었다. 어떻게든 같은 양복이라도 남들과 달라 보일 수 있는 것을 찾아내리라. 하루 종일 명동의 대형 백화점부터 이대 앞 각종 보세 숍까지 샅샅이 뒤졌다. 그리고 마침내 선택한 것이 하얀 스트라이프가 그려진 파란색 더블 브레스티드 스타일의 양복이었다. 마치 중세의 왕자를 연상시키는 듯 재킷이 굉장히 긴 독특한 스타일이었다. 집에 고이 모셔둔 갈색 구두와 흰색 셔츠를 매치해서 입학식에 입고 가면 좋겠다는 계획도 함께 세웠다. 그렇게 집에 들어가니, 아버지가 현관 앞에서 기다리고 계셨다.

"어떤 양복을 산 거냐? 넥타이와 구두는 아버지의 것을 빌려주면 되는데 같이 사기엔 돈이 부족하지 않았니?"

단정한 아들의 모습을 바랐던 아버지 앞에 사 들고 온 양복을 내밀자 실망한 기색이 역력했다. 내가 구입한 양복은 아버지의 넥타이와 구두를 빌려 매치시키기엔 너무도 유행을 좇는 디자인의 '점잖지 못한' 것이었다.

"요즘 다 이런 것 입어요, 아빠. 실망하셨어요?"

아버지는 고개를 절레절레 흔드셨다. 문제는 디자인이 아니었다.

"아, 그것보다도 네 키가 조금 더 커 보이려면 회색 양복을 구입하란 말을 잊었구나. 그게 좀 아쉬워서 그렇다."

이 말은 아버지가 지금까지 내게 하신 처음이자 마지막 스타일 교훈 같은 것이었다. 회색 양복이 키가 커 보인다? 난 아버지에게 물려받은 이 팁을 살아오면서 몸소 깨달을 수 있었다. 블랙이나 네이비 컬러의 양복에 비해 회색이 훨씬 더 슬림하면서 키가 커 보인다는 사실을 말이다.

단순히 경험적으로 회색 양복을 권하는 것은 아니다. 아버지가 회색 양복의

Style Tip

셔츠나 구두, 벨트, 시계 등 양복을 제외한 아이템을 블랙으로 통일하면, 키가 커 보이면서도 날씬해 보이는 효과까지 줄 수 있다. 넥타이 역시 셔츠와 컬러를 블랙으로 통일하고 소재나 프린트가 다른 것으로 선택하여 포인트를 주는 것이 좋다. 만약 타이를 하지 않아도 된다면 가볍게 셔츠의 단추를 2개 정도 풀어 연출하는 것이 더욱 효과적일 것.

이론적인 장점까지 알고 계셨는지는 차마 묻지 못했지만 '회색 양복이 키가 커 보인다'는 논리는 패션 이론적으로도 충분히 설득 가능한 팁이다. 바로 밝은 색은 어두운 색에 비해 키를 커 보이게 한다는 논리에서 시작할 수 있다. 그렇다면 흰색이 가장 좋겠지만, 흰색 양복을 입는 것은 보통 남자에게 여간 어려운 일이 아니다. 따라서 우리가 입는 양복의 컬러 중에서는 가장 밝으면서도 접근하기 쉬운 회색 양복이 그 대안이 될 수 있다. 키가 커 보이는 효과가 가장 크게 나타나기 때문이다. 또한 회색은 어떠한 유색과도 잘 어울린다. 특히 블랙이나 네이비 등 어두운 모노톤과 연출하면 슬림해 보이기까지 해서 더욱 키가 커 보일 수 있게 만든다. 만약 좀 더 눈에 띄는 색상의 상의를 입으면 다리가 길어 보이는 효과까지 줄 것이다. 아버지가 내게 가르쳐준 회색 양복의 교훈은 지금도 여전히 유효하다. 따라서 양복을 구입하려는 당신에게 가장 먼저 말해주고 싶은 팁 중의 하나다. 물론 여기서 말하는 양복은 비단같이 반짝거리는 이른바 '갈치'색과는 다르다는 사실을 반드시 기억할 것!

Style Tip

하늘색 셔츠를 선택하여 지적인 면을 더하라

회색 양복과 또 가장 조화를 이룰 수 있는 색상이 바로 댄디한 매력을 부각시킬 수 있는 하늘색이다. 피부가 하얀 남자에게 더욱 잘 어울리고, 회색 양복 단추의 색깔이 블랙이라면 구두나 벨트는 블랙으로 통일하고, 흰색이나 갈색이라면 갈색 구두 또는 벨트로 포인트를 주는 것이 현명하다.

주말에는 셔츠보다 티셔츠로 경쾌함을 살려라

회색 양복은 캐주얼한 연출도 가능하다. 목부분이 여유있는 흰색부터 비비드 컬러의 티셔츠를 안에 입으면 세련되고 젊어보인다. 이때 바지 밑단이 복사뼈보다 짧거나, 타이트한 핏이라면 구두 대신 스니커즈를 신어도 멋지다.

STEP 3/02

목과 단추 사이를 멀리 깊은 V존

자동차의 얼굴이 후드(hood)라면, 양복에서의 얼굴은 벌어진 재킷의 라펠이 드러내는 V존이다. 그리고 이 V존은 '얼굴'이라고 비유한 것처럼 슈트 스타일링에서 매우 중요한 역할을 담당한다. V존 안에 어떤 셔츠와 타이가 담겼냐부터 그 깊이와 폭까지 꼼꼼하게 따져야 슈트 스타일의 완성도를 높일 수 있다. 특히 크가 크지 않은 평범남에게 이 V존에서 가장 문제가 되는 것은 바로 깊이와 폭이다. 한마디로 이 V존이 깊고 좁을수록 키는 더 커 보인다. 이유는 명료하다. 터틀넥보다는 V넥 니트가 전체적인 실루엣을 분할시키는 역할을 하면서 신체 비율을 더 늘려 보이게 만드는 것과 같은 이치다. V존이 깊어 재킷의 라펠이 길어 보일수록 상체의 위풍당당함은 살아나고, 전체적인 신장의 비율은 늘려주는 효과를 준다. 따라서 우리는 슈트를 선택할 때 스리나 포버튼의 재킷보다는 원버튼이나 투버튼 스타일로 고르는 것이 좋다. 버튼이 적을수록 V존이 깊어지는 것은 당연하기 때문. 만약 본인의 취향이 남들보다 보수적이라 좀 더 클래식한 디자인의 스리버튼 재킷을 선택하고자 한다면, 맨 위 단추를 풀어놓음으로써 V존을 깊게 연출할 수 있다. 투버튼 재킷일 경우에도 아래 단추만 채운다면 라펠의 선이 더욱 길어 보여 키가 커 보이면서도 왜소한 체격까지 커버할 수 있다.

Style Tip

투버튼 이상의 재킷이라면 맨 위 단추는 꼭 풀어라

허전함을 느껴 안정감을 취하고 싶다면 아가일 프린트의 V넥 니트나 잘 맞는 조끼를 안에 입어 핏 되는 느낌을 유지하면 된다. 스리 버튼일 경우에도 가운데 단추를 채우는 것이 기본이긴 하나 변형 된 느낌을 주고자 한다면 맨 아래 단추만 채워도 나쁘지 않다.

원버튼 재킷으로 선택하라

블랙 슈트에 화이트 셔츠라는 가장 기본적인 모던한 슈트를 입을 때는 원버튼 재킷이 가장 안전하다. 여기에 슬림한 타이를 매치하고 단추는 반드시 채워주는 것이 날씬하면서도 키가 커 보일 수 있는 비법. 좀 더 뾰족함을 살리려면 행커치프 역시 삼각 형태로 접어 연출하는 것이 좋다.

멋은 V존에서만 내고
벨트 밑은 한 가지 색으로

우리나라에서는 전통 한복에서도 볼 수 있듯이 남자의 의복에는 본래 색을 많이 쓰지 않는 것을 점잖고 중요하게 여겼다. 현대를 살아가는 우리에게까지 어느 정도 적용되고 있는 관습으로, 우리나라 남성복을 전부 회색빛으로 물들인 장본인이다. 가끔씩 나처럼 튀는 색의 의상을 즐겨 입는 남자는 '특별'이 아닌 '특이'한 사람이란 허울까지 쓴다. 물론 유쾌하고 컬러풀한 색깔을 즐겨 쓰는 디자이너 폴 스미스가 "남자에게 색깔은 위트고 여유"라며 국내 남성복 시장에 색깔 돌풍을 몰고 오기도 했지만 어디까지나 남성복에서 색은 금기어 중의 하나인 것이 사실이다. 이것은 특히 슈트에서 더욱 두드러진다.

나는 컬러풀한 슈트를 입은 사람을 국내에서는 개그맨 홍록기와 가수 태진아 이외에는 본 적이 없다. 가까운 일본만 가도 차고 넘치는데 말이다. 이처럼 무채색 슈트를 즐겨 입는 우리나라 남자에게는 슈트를 입을 때 꼭 지켜야 하는 색깔 스타일링법이 따른다. 바로 벨트 아래로는 한 색으로 통일하라는 것이다.

Style Tip

하의의 컬러는 상의보다 밝은 것으로 통일하자

콤비네이션 재킷과 바지의 컬러가 억지로 통일되는 것은 역효과를 불러일으킬 수도 있다. 아무래도 한 벌의 슈트와 달리 소재나 재봉의 면에서 차이가 나기 때문이다. 차라리 아예 다른 컬러의 조합으로 매치하는 것이 좋다. 특히 블랙 재킷에 브라운 바지, 네이비 재킷에 그레이 바지 등 상의보다 밝은 하의를 입고 벨트와 양말, 구두까지 통일한다면 다리가 좀 더 길어 보일 수 있다.

Style Tip

슈트를 구입할 때 같은 컬러 톤의 벨트와 타이까지 함께 구입해두면 연출하기에 편하다. 색을 통일함으로써 심플하고 길어 보이는 효과를 줌과 동시에 어떤 자리에서도 신뢰감을 줄 수 있는 안정된 모습을 어필할 수 있다.

만약 컬러풀한 슈트가 넘치는 곳이라면 정말 이상한 팁 중의 하나로 전락할 것이다. 블루 슈트를 입고 그린 양말을 신고, 브라운 구두를 신는 것은 그 자체로 유머러스한 개성이 되기 때문에 전혀 문제가 될 것이 없지 않겠는가! 하지만 무채색이라면 달라진다. 특히 우리처럼 키가 크지 않은 남성에게는 더더욱 달라진다.

한 가지 예를 들어보자. 블랙 컬러의 슈트에 회색 양말을 신고 갈색 구두를 신는다면? 이처럼 많이 나뉜 컬러의 배합은 신장을 더욱 줄어들어 보이게 만들고, 패션 센스 역시 바닥으로 곤두박질할 것이다. 이처럼 극단적인 예가 아니라도 좋다. 감청색 슈트에 검정색 벨트와 회색 양말, 갈색 구두 역시 언뜻 상상하기에는 나쁘지 않을 것 같지만, 막상 입고 나면 굉장히 조악해 보인다. 위에서 언급한 대로, 상체를 빼고 벨트를 포함한 아래의 컬러는 통일하는 것이 좋다. 이것은 슈트뿐 아니라 콤비네이션 재킷과 팬츠를 각각 매치할 때도 마찬가지다.

블랙 재킷에 브라운 컬러의 바지를 매치한다면 벨트와 양말, 구두까지 브라운 톤으로 맞춰주는 것이 다리를 길어 보이게 하면서도 세련된 느낌을 살린다. 짙은 회색의 슈트 역시 마찬가지다. 벨트부터 양말, 구두까지 같은 톤의 회색을 매치한다면 블랙을 매치하는 것보다 훨씬 더 신장이 커 보이게 만들 것이다.

색깔을 쓰는 것에 무모하게 도전하지 말자. 양복 색깔에 맞춰, 특히 그중에서 바지 색깔에 맞춰 벨트와 양말, 구두를 구비해두고 입는다면 최소한 작아 보이거나 촌스럽다는 지적만큼은 피할 수 있다. 멋은 V존 안에서만 충분하게 내자.

세로 효과
그 날씬한 신뢰감

이 책을 쓰기 전에 대학교에 갓 입학한 친구 동생에게 이렇게 물어본 적이 있다.
"어떻게 하면 키가 커 보이게 옷을 입을 수 있을까?"
이제 막 교복을 벗고, 사복입기에 재미를 붙인 그 동생 녀석은 별다른 고민도 없이
이내 말했다.
"에이, 어떻게 키가 커져요? 말도 안 돼. 아, 그런데 세로 줄무늬를 많이 입으면
길어 보인다고는 하던데요."
순간 나도 모르게 당황했다. 누가 봐도 그다지 옷에 관심이 없어 보이는 이 동생도
세로 스트라이프의 팁을 알고 있다면, 난 앞으로 이 책을 어떻게 써 내려가야 할지
막막했다. 그 순간, 정적을 깨며 그 동생이 내게 이렇게 물었다.
"그러니까 세로 줄무늬 셔츠에 세로 줄무늬 타이에 세로 줄무늬 재킷을 입으면
되는 거 아녜요?"
그 순간 난 희망을 발견했다. 그러면서 키가 커 보이는 슈트 룩의 비밀인 세로
효과가 결코 세로 줄무늬를 마구 입는 것에만 그치지 않는다는 사실을 그 동생을
비롯한 여러분에게 꼭 알려주고 싶다는 결심을 하게 되었다.

Style Tip

핀스트라이프(pinsrtipe : 가는 세로줄무늬) 슈트에는 노타이

스트라이프 패턴에서 가장 먼저 도전하게 되는 것이 가장 얇은 화이트 컬러의 줄무늬다. 이럴 경우에는 애써 타이를 매는 것보다 생략하는게 젊은 감각을 어필할 수 있다. 깔끔한 화이트 셔츠에 포인트가 될 수 있는 브라운이나 화이트 구두로 매력을 살려보자.

가장 호감이 가는
슈트 스타일

Style Tip

**스트라이프 셔츠에 담긴
선의 색깔과 타이의 컬러를
맞추자**

단색 슈트를 입는다면 스트라이
프 셔츠로 세로 효과를 내는 것도
좋은 방법이다. 이때 셔츠에 담긴
선의 컬러와 타이의 컬러를 맞춘
다면 좀 더 센스 있고, 길어 보이
는 느낌의 룩을 연출할 수 있다.
단, 구두와 벨트는 슈트의 컬러에
맞춰 품위를 더하는 것이 좋다.

첫째, 세로 효과를 표현하는 톤은 직접적인 것보다 은밀할수록 효과적이다.
위의 동생이 내게 물은 질문과 일맥상통한다. 세로 스트라이프는 키가 커 보이는
세로 효과를 주기에 가장 직접적인 방법이다. 이 경우에 세로 스트라이프는
슈트에서 한 군데의 포인트로만 사용되어야 한다. 즉, 줄무늬 셔츠를 입을
경우에는 무늬 없는 타이를 매는 것이 좋다. 또한 줄무늬 슈트에 줄무늬 셔츠는
피하는 것이 좋다. 만약 이것을 모두 한 번에 하게 된다면 본인의 체형과 이미지에
따라 굉장히 무겁거나 굉장히 경박한 극단의 역효과를 줄 수 있다.
둘째, 세로 효과를 주는 줄무늬의 굵기는 인상에 큰 영향을 미칠 수도 있으므로
체형이나 이미지에 따라 선별해서 골라야 한다. 굵은 줄무늬는 강한 개성과
화려함을 표현하고, 잔 줄무늬는 활동적이면서도 심플한 매력을 표현한다. 만약
평범함을 추구하는 보통 체격의 남자가 굵은 줄무늬를 입으면, 그 기에 눌려
역효과가 날 수 있다. 굵은 줄무늬는 체격이 크거나 개성 있는 표현에 능숙한
사람이 입는 게 좋다. 따라서 본인의 이미지에 대한 확신이 없다면, 가장 잔
줄무늬, 그것도 컬러가 너무 드러나지 않는 것으로 선택하는 것이 무난하다.
셋째, 세로 효과는 눈에 보이는 스트라이프 패턴으로만 가능한 것이 아니다.
줄무늬의 느낌을 주는 소재에서도 그 효과를 누릴 수 있다. 봄과 여름에는
시원하면서도 세련된 느낌을 주는 시어서커(seersucker : 오글오글한 주름을
줄무늬처럼 짜낸 천) 소재의 재킷이 그 역할을 대신할 수 있다. 가을과 겨울에는
댄디하면서도 고급스러운 느낌을 선사하는 코듀로이 소재의 재킷이 세로 효과를
내는 데 충분한 역할을 대신할 수 있다.
따라서 세로 효과의 가장 중요한 점은 '키 커 보이겠다'는 작심을 최대한 노출하지
않는 범위에서 은은하게 연출하는 것이다.

슈트까지 비싸 보이게 하는
질 좋은 옥스퍼드 구두

개인적으로 슈트에 관한 스타일링 책 중 최고로 꼽는《성공한 남자에게 숨겨진 패션 키워드》의 저자 오치아이 마사카츠 씨는 남자의 패션에서 가장 중요한 것은 구두라고 말한다. 슈트도 슈트지만, 질 좋은 구두를 먼저 사고 난 후 고전적인 스타일의 넥타이(감색 무지에 흰색 핀 도트 pin dot, 즉 작은 물방울 무늬)를 마련하는 것이 중요하다고 한다. 이유는 구두와 넥타이는 10년 이상 쓸 수 있는 아이템이기 때문이다. 친절하게도 가격에 대한 예도 겸하고 있다. 구두는 적어도 80만원은 넘는 선에서 약 120만원 정도까지, 넥타이는 적어도 20만원에서 40만원 선까지 투자하는 것이 적당하며 쓸 만한 제품을 살 수 있다고 한다. 물론 일본의 경우 구두와 넥타이를 전문적으로 만드는 오랜 장인들이 많아 동경의 긴자 거리에만 나가도 이 가격대의 구두나 넥타이를 쉽게 만날 수 있다. 우리나라는 정말 값비싼 명품이 아니고서야 불가능할 테지만 말이다. 하여튼 오치아이 씨는 그러고 난 후 좋은 셔츠와 몸에 잘 맞는 값싼 양복을 입는 것이 현명하다고 덧붙인다. 양복보다 더 비싼 구두를 사라고? 그의 제안이 약간의 허세로 들릴지도 모르겠지만, 그만큼 '구두는 슈트에 가려 안 보일 것'이라는 우리나라 남성들의 흔한 생각이 착각이란 뜻이다. 오히려 가려지기보다 유일무이하게 가장 빛나는 아이템이 바로 구두다. 더불어 구두야말로 슈트 스타일의 가장 핵심이 되는 것이라 말할 수 있다.

다시 본론으로 돌아와서 우리처럼 키가 크지 않은 남성은 슈트에 어떤 구두를 매치하는 것이 올바를까? 우선 구두의 종류에 대해 생각해보자. 흔히 말하는 정장용 구두는 크게 나눠 끈의 유무에 따라 옥스퍼드와 슬립온 스타일로 나뉜다. 끈을 매는 옥스퍼드 구두는 가장 기본적인 스타일로, 별다른 장식이 없고 발등에 끈을 매면 되는 플레인 토(plain toe)와 옥스퍼드 스타일 중 가장 클래식한 구두 옆면에 마치 날개 같은 포인트가 담긴 디자인의 윙팁(wing tip), 구두의 앞코에 가죽을 덧대고 구멍으로 장식한 스트레이트 팁(straight tip) 등으로 나뉜다. 끈이 없는 캐주얼한 구두인 슬립온은 발등에 가죽 등을 덧댄 로퍼(loafer)와 발등에 버클로 포인트 장식이 된 몽크 스트랩(monk strap), 신발 발등에 작은 술이 달린

Style Tip

회색이나 감청색 슈트라면
갈색 윙팁 구두를!

좀 더 감각적인 회색이나 감청색
슈트를 입는다면, 블랙이나 화이
트보다는 브라운 구두를 선택하
는 것이 좋다. 디자인 역시 윙팁
(wing tip : 날개 모양으로 장식된
구두코)처럼 화려한 디테일이 있
는 것으로 선택하여 멋스러운 이
탈리안 슈트 룩을 완성해보자.

태슬 슬립온(tassel slip-on) 등이 대표적이다.

그렇다면 우리에게 어울리는 구두는 무엇일까? 결론부터 말하자면 끈이 있는 옥스퍼드 슈즈를 신는 것이 슬립온보다는 기본적으로 다리를 훨씬 곧고 길어 보이게 만든다. 끈이 없는 것에 비해 있는 편이 단절되지 않고 좀 더 바닥과 구두가 이어진 느낌을 주기 때문이다.

또한 로퍼나 태슬 슬립온의 경우에는 기장이 발목 위로 오는 9부 바지와 잘 어울리므로 더욱 다리를 짧아 보이게 만드는 스타일이라고 볼 수 있다. 따라서 옥스퍼드, 그중에서도 가장 기본이 되는 플레인 토를 먼저 구입하는 것이 슈트를 시작하는 사람으로선 적당하다. 구두 구입 가격을 제안하자면 오치아이 씨의 주장처럼 비쌀수록 좋은 것이 사실이겠지만 10만원 안팎에서 구입 가능한 자라(Zara)나 유니클로 같은 글로벌 패션 브랜드의 슈트 코너에서 찾는 것도 괜찮을 듯하다. 확실히 포멀한 무게감은 덜하겠으나 합리적이면서도 센스 있는 슈트 룩을 연출하기엔 나쁘지 않을 테니까 말이다.

Style Tip

심플한 블랙 슈트를 즐긴다면 까만 플레인 토 구두를

똑 떨어진 블랙 슈트로 모던함을 표현하고자 한다면 까만 플레인 토 구두가 가장 알맞다. 가장 중요한 것은 끈매기인데, 마지막 매듭을 리본으로 드러나게 하는 것보다 안으로 감춰서 매듭을 보이지 않게 하는 것이 센스 있다.

허리 주름 없는 바지를 입어야 젊어 보인다

사회에서 만난 지인 J씨의 이야기다. 그는 90kg에 육박하는 거구다. 아, 몸무게에 비해 상대적으로 키가 작아 거구다. 따라서 그는 어려서부터 '뚱보'라는 별명을 달고 살았다고 한다. 물론 그의 옷입기에 최대 적은 언제나 볼록 솟은 배와 코끼리 다리라고 불리는 두꺼운 허벅지였을 터.

그러나 그도 어엿이 멋부리기 좋아하는 대한민국 남성이므로 슈트를 입을 때만이라도 이른바 '각'이 잡히길 바랐다. 이태원의 유명하다는 큰 옷 전문 제작 가게에 가서 맞춤 슈트도 입어봤다. 덕분에 재킷은 넉넉하게 품을 잡고 제작하여 배를 어느 정도 커버하는 데 성공했으나 바지까지 함께 입으면 늘 균형이 맞지 않았다. 정확히 말해 지나치게 두껍고 짧은 다리는 더욱 부각되었다.

이유는 무엇일까? 그는 주변의 지인들에게 자문을 구했고 전문 스타일리스트를 소개받아 교정에 나선 결과 그 원인을 바지의 주름에서 찾았다고 한다. 지금까지 그가 입었던 바지는 모두 그의 배를 커버하고 활동성을 높이기에만 급급하여 허리 주름(턱)이 3개 이상 잡힌 것들이었다. 옛날 그룹 '소방차'의 정원관이 즐겨 입던 빅 사이즈의 배기 바지를 연상하면 쉽다. 여하튼 그는 조금 불편하더라도 주름을 모두 없앤 무턱 바지를 제작했고, 그것은 슈트의 폼을 살려주었을 뿐 아니라 추후 다이어트를 해야겠다는 의지까지 북돋워준 계기가 되었다고 한다. 물론 아직까지 다이어트에는 실패하고 있지만.

이 이야기를 꺼낸 까닭은 비록 이 사례가 극단적이긴 하나 슈트에서 주름이 잡힌 바지가 얼마나 전체적인 실루엣을 망칠 수 있는지를 제대로 드러내고 있기 때문이다. 특히 키가 작거나 몸에 살집이 많을수록 나는 적극적으로 무턱 바지를 권한다. 허리가 끼이고 답답함을 느끼는데 게다가 셔츠까지 안으로 넣어 입으라니! 무리라고 투덜댄다면 허리 사이즈를 하나 더 큰 것으로 선택하라. 차라리 그런 편이 주름이 2개 이상 잡힌 것을 선택하는 것보다 훨씬 낫다. 주름이 잡히지 않은 무턱 바지는 안정된 일자 핏을 가져와 다리를 길게 만들고, 약간 허리 위로 올라간 느낌(하지만 이것이 당신의 진짜 허리 라인이다)을 주어 균형을 좀 더 아름답게 만들 것이다.

Style Tip

허리에 딱 맞는다면
벨트 없는 연출도 도전하라

슈트라고 해서 꼭 정석대로 벨트
를 착용하란 법은 없다. 특히 무턱
바지는 사이즈만 딱 맞는다면 벨
트를 착용하지 않고, 셔츠를 안에
넣어주는 것만으로도 섹시하고
세련된 연출을 할 수 있다. 이때
양말을 신지 않고, 발목 위로 살
짝 롤업된 기장의 변형된 바지라
도 스타일리시할 수 있다.

핏되는 셔츠에는 드로즈
스타일 언더웨어가 기본

주름 없는 바지는 라인을 살려주
는 만큼 타이트하게 느껴진다. 이
때 셔츠의 핏만 너무 넉넉하면 전
체적인 흐름을 망치게 되므로 역
시 몸에 꼭 맞는 셔츠를 선택할
것. 언더웨어 역시 삼각을 입는다
면 뒷모습에서 그대로 라인이 노
출될 수 있으므로 꼭 맞는 드로즈
형태로 선택하는 것이 현명하다.

완벽하고 정직한 남자의 스리피스 슈트

가장 섹시하게 양복을 입는 사람 하면 누가 떠오르는가? 난 뭐니 뭐니 해도 축구 선수 데이비드 베컴이 생각난다. 누구나 점잖기 위해서 입는 슈트를 입고도 그가 섹시해 보이는 이유는 무엇보다 자신이 지닌 보디라인을 감각적으로 잘 드러내서 입기 때문일 것. 이를 위해서 베컴이 자주 애용하는 슈트 스타일링이 바로 베스트까지 모두 입는 스리피스 풀 착장 형식이다. 이렇게 완벽한 그의 슈트입기에서 베스트까지 착용한 스리피스 스타일을 선택해야 늘씬하고 비율이 좋아 보인다는 점을 깨달을 수 있다.

어차피 재킷을 입는 상황에서 베스트를 입고 안 입고가 뭐 그리 중요하냐고 의문을 품는 이들도 적지 않을 것이다. 하지만 효과는 크게 달라진다.

먼저 앞모습만큼이나 중요한 뒤태가 달라진다. 조금 더 오버해서 말한다면 베스트는 슈트에서 여성의 코르셋과 같이 한번 조여주는 역할을 담당한다. 베스트를 입을 경우 재킷 단추를 보통 풀게 되는데, 이때 앞모습보다 뒷모습에서 확연히 달라진 효과를 더 크게 느낄 수 있다. 특히 잘록해진 허리 라인으로 인해서 전체적으로 몸의 균형은 바로잡아주고 얼굴 라인도 작아지게 만든다.

Style Tip

쫙 붙인 풀백 헤어스타일과 보타이로 영화배우처럼

스리피스 슈트 룩은 클래식과는 떼려야 뗄 수 없는 스타일이다. 공연을 가거나 스페셜한 디너가 있는 저녁이라면 스리피스 슈트에 걸맞은 쫙 붙인 2:8 가르마의 헤어스타일도 한 번쯤 도전해보자. 블랙 슈트라면 여기에 와인색 실크 보타이로 멋스러움을 극대화시켜보는 것도 좋을 듯!

베스트까지 겸한 스리피스 슈트를 입을 때는 정형화된 타이보다는 프린트가 담긴 실크 소재의 컬러풀한 스카프로 도전해보는 것도 신선하다. 이때 주의할 점은 스카프를 셔츠 안쪽에 매어 넣는 것보다 베스트의 안쪽에 매어 넣는 것이 안전하다는 사실. 스카프에 담긴 컬러 중 하나와 통일된 행커치프를 선택해 매치한다면 더욱 로맨틱하다.

만약 배가 나왔다면 베스트는 한 사이즈 크게 입어서 몸매 보정의 역할을 살려주고 재킷은 맞는 사이즈로 입어 슬림하게 연출하자.

스리피스를 선택한 다음, 앞 장에서 언급한 대로 깊고 좁은 V존을 한결 더 부각시킨다. 재킷의 V라인과 더불어 만들어지는 베스트의 V라인은 뾰족함을 2배로 만들어 정면에서 보았을 때 훨씬 더 당당한 어깨와 작은 얼굴, 길어진 다리 라인을 부각시키는 효과를 준다. 이것은 베스트를 입은 스리피스 슈트 스타일이 이성에게 섹시함을 주는 까닭이기도 하다.

끝으로 베스트는 슈트와 보통 컬러가 통일되기 마련이다. 키가 커 보이려면 컬러는 통일할수록 유리하다. 하나의 컬러가 3가지 이상의 아이템에 쓰이게 되므로 이런 측면에서 더욱 안정적이고 융통성 있는 스타일링이 가능하게 된다.

스리피스가 너무 올드해 보이지 않을까 걱정된다고? 스리피스 스타일의 슈트를 즐겨 입는 팝스타 저스틴 팀버레이크나 가수 비를 떠올려보라. 경쾌한 스트라이프의 패턴이 담겨 있거나, 페도라나 캐주얼한 소재의 행커치프로 포인트를 준다면 재킷과 바지만 입는 것보다 훨씬 더 감각적인 슈트 룩으로 완성할 수 있다. 또한 헤어스타일을 일반적인 2:8 가르마가 아닌 펌 스타일이나 반질반질하지 않은 거친 헤어스타일로 반전을 주면 젊은 감각으로 연출할 수 있다. 또한 구두 대신 운동화를 신거나 셔츠 위로 지나치게 화려한 목걸이는 힙합 가수가 아닌 이상 삼가는 것이 좋다.

바지 밑단은 앞보다 뒤를 조금 더 길게 모닝 커트

"손님, 기장 수선은 어떻게 해드릴까요?"

양복을 구입하면 흔히 구입한 매장에서 바로 바지의 기장 수선을 맡기면서 점원에게 듣게 되는 질문이다. 이럴 때는 누구나 쭈뼛거리기 마련이다. 먼저 어느 정도 기장을 줄일지 참 애매하다. 양복에서 바지 기장이 짧으면 가볍고 다소 신뢰가 덜 가는 느낌을 주며, 반대로 지나치게 길면 둔하고 너무 나이 들어 보이는 단점이 있다. 과연 적당한 길이는 무엇일까?

특히 우리처럼 단신인 경우에는 더욱 신경이 쓰인다. 점원이 주는 구두도 신어보고, 굽의 절반 정도 오는 길이가 좋다는 점원의 조언도 참고해보지만 더욱 확실하게 하고 싶다면 앉아서도 한 번 더 꼼꼼하게 체크해보는 것이 좋다. 앉았을 때 바지의 앞자락이 복사뼈에서 1~2㎝ 정도 살짝 올라간 느낌을 주는 것이 가장 안정적인 선택이다.

이렇게 하기 위해서는 바지 밑단의 처리 방법을 모닝 커트로 선택해야 한다. 흔히 바지의 앞뒤 길이가 같은 것을 싱글 커트, '카브라'라고 말하는 커프스를 주는 방법을 더블 커트라고 한다. 모닝 커트는 앞쪽에 비해 뒤쪽 기장이 긴 커트를 말한다. 물론 일반 양복에서는 흔히 활동적인 느낌을 주는 싱글 커트로 기장 수선을 많이 한다. 하지만 이것보다 클래식한 느낌을 주어 보통 예복용에서 많이 쓰이는 모닝 커트가 훨씬 더 멋스럽다는 사실을 간과해서는 안 된다. 게다가 모닝 커트는 앞보다는 옆모습에서 우아하면서도 다리를 길어 보이게 만드는 효과가 있다. 특히 걸을 때 앞부분보다 뒷부분의 기장이 더 긴 까닭에 굉장히 품격 있는 걸음걸이로 비치게 한다. 적당한 길이는 앞에서 언급한 대로 뒷부분은 구두 굽의 반 정도이며, 앞부분은 살짝 한 번 주름이 접히는 정도의 길이가 좋다.

이제 점원이 바지 기장을 묻거든 머뭇거리지 말고 당당하게 말하는 당신을 기대하겠다.

Style Tip

구두의 매듭은 드러내지 말고 넣어라

모닝 커트는 우아한 품격을 드러내는 밑단 처리 방법이다. 단, 조심해야 할 점은 바지의 앞부분 기장이 뒷부분보다 짧기 때문에 부딪히기 쉬운 것이 바로 구두의 매듭. 가장 중요한 것은 구두의 끈을 드러내지 않고 안으로 숨기는 것이 센스 있다는 사실이다.

앞코가 너무 뾰족하지 않는 광택 있는 구두로

모닝 커트가 너무 경박해 보이지 않으려면 지나치게 뾰족한 앞코를 지닌 구두보다는 어느 정도 적절하게 라운딩된 앞코의 구두를 선택하는 것이 좋다. 여기에 멋스러움을 더하려면 유광이거나 앞부분에 벨벳 소재가 덧대어 있는 구두를 선택하는 것이 좋다.

전체의 2%만 하기
절제된 메탈 액세서리

남자들이 슈트를 착용할 때 할까 말까 고민하게 되는 메탈릭한 액세서리는 얼마나 될까? 아버지가 물려준 목걸이, 여자 친구가 사준 반지, 큰맘먹고 할부로 구입한 시계, 취직 선물로 받은 넥타이핀, 어디서 구입했는지 출처도 기억나지 않는 평범한 버클의 벨트…… 많아봤자 여기에 다소 비범한 남자들이 즐기는 재킷 단추에 매단 체인이 달린 회중시계나 귀고리 정도가 더해질 것이다. 하지만 이렇게 몇 개 되지 않는 것처럼 보이는 메탈릭한 액세서리도 슈트와 더해지면 굉장히 화려해 보이고 두드러진 연출로 느껴지게 만든다. 따라서 슈트의 전체적인 멋을 해치지 않으면서 키가 커 보이는 룩을 완성하기 위해서는 매우 신중한 선택이 필요하다.

먼저, 액세서리에 쓰인 메탈의 컬러와 형태를 통일해야 한다. 크게 실버와 골드 혹은 블랙 컬러 중 한 가지 재질이나 컬러로 통일하는 것이 신체 균형을 망가뜨리지 않아 비율을 좋게 만든다. 형태 역시 시계의 다이얼부터 반지의 보석 모양까지 원이면 원, 사각이면 사각으로 통일하는 것이 좋다. 물론 이렇게 하는 것이 키도 커 보이면서 센스 있어 보인다는 사실은 두말하면 잔소리다.

Style Tip

귀고리는 하나보다는 양쪽 모두에 하자

슈트를 입고 귀고리에 포인트를 주는 경우, 팔찌나 반지 등 그 외 요소는 최소화한 후에 연출하는 것이 좋다. 또한 귀고리는 한쪽에 하는 것보다 양쪽에 세트로 하는 것이 얼굴의 턱선을 더욱 갸름하게 만들어 세련되면서도 슬림한 인상을 준다.

스키니한 핏의 록적인 슈트를 입는다면 과해도 좋다

오직 사진 속 모델처럼 스모키 메이크업까지 도전할 만큼 과도한 스타일에 꽂혀 있는 사람에 한해서다. 허리에 매는 체인, 해골 모티브의 팔찌와 반지, 에지 있는 피어싱까지 메탈릭한 액세서리들이 당신을 스트리트적인 슈트 룩의 모범 답안으로 인도해줄 것이다.

Style Tip

다양한 브랜드 로고가 드러난 빅 버클의 벨트가 많이 출시되고 있다. 하지만 이것은 어디까지 캐주얼 룩에 잘 어울리는 벨트란 사실을 절대 잊지 말도록! 특히 신체를 정확히 분할하는 악영향을 끼쳐 키를 더 작아 보이게 만든다. 가장 단순한 디자인의 버클 벨트가 최선책이란 사실을 명심하자.

다음으로는 적절하게 절제된 액세서리의 매치가 필요하다. 특히 슈트 액세서리 중 가로 라인을 담당하고 있는 시계와 넥타이핀은 둘 중에 하나만 선택하는 것이 좋다. 아니, 그중에서도 신체의 정면에 위치하게 되는 넥타이핀은 가로로 쫙 신체를 분할하는 악영향을 주므로 키가 작다면 웬만해서는 하지 않는 편이 좋다. 만약 꼭 해야 한다면 최대한 두껍지 않은 날렵한 넥타이핀으로 선택하는 것이 좋다. 시계 역시 다이얼이 너무 크거나 둥글면 키가 작아 보일 수 있으므로 직사각형 프레임의 단순한 디자인을 선택하는 것이 현명하다. 그리고 목걸이는 웬만하면 드러내지 않는 것이 좋을 듯.

마지막으로 너무 크고 화려한 장식이 있는 액세서리는 상대방에게 부담을 줄 수 있으므로 피하는 것이 좋다. 브랜드의 로고가 크게 박힌 벨트나 번쩍거리는 다이아몬드 큐빅이 박힌 목걸이나 시계는 자신의 정체성을 드러내는 역할을 하기에 슈트와는 다소 어울리지 않는다. 튀는 액세서리를 즐기는 경우라면 어느 한 부분에만 포인트를 주는 노련함이 필요하다. 반지나 귀고리, 시계, 벨트 중 한 부분이 좋겠다. 또한 블랙 슈트가 아닌 갈색이나 남색 슈트에 메탈릭한 액세서리를 과도하게 착용할 경우엔 다소 나이 들어 보이는 느낌까지 든다. 신중하게 생각하되 액세서리를 착용하려면 블랙 슈트로 모던하게 연출하자.

뭐든지 과하면 역효과를 낸다. 그중에서도 특히 슈트를 착용할 경우 메탈릭한 액세서리는 그 정도를 굉장히 신중하게 조절할 필요가 있다는 사실을 명심하도록!

마른 체형이라면 적당한
어깨 패드

지난해까지만 해도 분명 몸의 실루엣을 그대로 드러내며 착착 감기는 어깨에 패드가 전혀 없는 브리티시 스타일의 양복이 유행이었다. 하지만 최근 1980년대 패션 스타일이 돌아오면서, 아니 언제나 패션은 그렇게 돌고 돌면서 요즘 어깨에 패드가 들어 있는 재킷이 여성복뿐 아니라 남성복까지 큰 영향을 끼치고 있다.

사실 우리처럼 평범한 남성에게는 참으로 반가운 소식이 아닐 수 없다. 어깨에 적당히 패드가 들어 있는 복고풍의 이러한 디자인 슈트야말로 어깨를 강조하고 허리선을 잘록하게 만들어 왜소함을 감추고 전체적인 비율을 좋게 만들어 키가 커 보이는 데 효과적인 아이템이기 때문이다. 한마디로 전체적인 실루엣을 'Y'자로 만들어주는 것. 네티즌들은 이러한 슈트 스타일을 가리켜 흔히 '몸짱 양복'이라고 표현하기도 한다. 하지만 이렇게 어깨에 패드가 들어간 재킷의 슈트를 입으면 남성답기는 하나, 상체에 너무 집중하게 되어 하체를 짧아 보이게 만들 수도 있는 만큼 절대적으로 길어 보이는 요소를 군데군데 배합하는 것이 좋다. 바로 스트라이프 패턴을 입거나 핀턱 주름이 없는 바지를 착용하거나 굽이 있는 앵클부츠 스타일의 구두를 신는 것 등이다. 셔츠 역시 칼라가 너무 높지 않은 것으로 선택하여 상체에 힘을 최대한 뺀다. 꼭 타이를 매야 하는 경우라면 슬림한 폭의 것으로 선택하는 편이 금상첨화일 듯! 강한 자신의 실루엣을 살리면서 키까지 크게 만들 수 있으니 왜소하거나 마른 체형이라면 적극 활용해보길 바란다.

Style Tip

벨트와 구두는 슈트의 색으로 통일하라

아무래도 어깨에 패드가 있는 재킷은 상체를 크게 만들기 때문에 다리 길이를 계속 신경 써야 할 것. 이럴 경우에는 벨트와 구두를 슈트의 색과 거의 동일한 것으로 선택하고 벨트는 단순한 것으로 선택하여 세련되게 연출하자.

타이 대신 행커치프

어깨에 패드가 적당히 들어 있을 경우에는 타이를 매어 갑갑함을 주기보다 셔츠의 단추를 1~2개 정도 풀어 여유 있게 연출하는 것이 좋다. 이럴 경우에는 포인트를 타이가 아닌 행커치프에 주어 넉넉한 운치를 표현하는 것이 멋스럽다.

STEP 4

아무리 옷에 관심이 없는 남자의 옷장이라도 청바지와 그에 매치하기
좋은 캐주얼 아이템은 꽤 있을 것이다. 그만큼 시도 때도 없이 자주
입는다는 이야기. 꾸민 티가 나지 않고도, 멋스러우면서 당신의 숨은
키를 찾아주는 캐주얼 스타일 팁 20가지를 공개한다.

키가 커 보이는
캐주얼 스타일 레슨

상의와 바지는
같은 색으로

진짜 멋쟁이들은 어떤 옷을 입을 때나 무의식중에 패션 습관이 몸에 배어 있다고들 한다. 그들은 자연스럽게 룩을 연출할 뿐 햄버거 가게에서 포인트 카드를 꺼내들듯 구차하게 계산하지 않는다. 자신의 체형에 관해서도 마찬가지다. 아무리 목이 짧은 것이 콤플렉스라 한들 가제트 형사처럼 목을 길게 빼려고 외치는 고도의 전략 따위 애당초 세우지 않는다. 그렇다면 그들이 멋쟁이라 불릴 수 있는 가장 좋은 습관 중 하나는 무엇일까?

그것은 남성복에서 가장 쉽지만 간과하기 쉬운, 특히 캐주얼 스타일에서 가장 중요한 상의와 바지의 컬러를 통일시키며 시작한다는 점이다. 이것은 옷입기의 시발점이기도 하며 '패션으로 키 크기'에 가장 유용하게 활용되어야 할 방법 중 하나다. 예를 들어 빨간 패딩 점퍼에 블랙 바지를 입는다고 치자. 이럴 때 점퍼 안에는 어떤 색깔의 의상을 입는 것이 가장 적당할까? 점퍼와 같은 레드 컬러를 입으면 상반신과 하반신이 시각적으로 정확히 분할되어 오히려 몸의 비율이 두 동강으로 짧아 보일 수 있다. 그렇다고 화이트 컬러 등 점퍼보다 밝은 컬러를 입는다면 하체에 비해 상체가 부각되어 다리가 짧아 보일 수 있다. 해결책은 바로 바지와 같은 블랙 상의를 입는 것이다. 이렇게 되면 아우터는 말 그대로 포인트 컬러로만 활용되고 전체적으로 상의부터 하의까지 하나의 컬러로 통일되어 프로포션이 안정적으로 보일 수 있다. 키가 커 보임은 물론이고 말이다.

이것은 아우터가 아닌 조끼나 재킷처럼 포멀한 아이템과 매치할 때도 꼭 기억해야 할 팁이다. 물론 티셔츠를 레이어드할 경우에도 마찬가지다. 만약 긴팔 티셔츠를 안에 입고 반팔 피케 셔츠나 셔츠를 밖에 겹쳐 입을 경우 안에 입는 긴팔 티셔츠와 바지의 컬러를 맞춰주면 전체적으로 신장이 커 보이는 효과가 있다.

이 공식은 여름에 스리피스가 아닌 티셔츠와 바지만 입게 되는 경우에도 적용된다. 화이트 티셔츠에 청바지를 입는 것보다 블랙 티셔츠에 블랙 진을 입는 식의 상의와 하의의 컬러를 통일하는 것이 기본적으로 키가 더 커 보인다.

상의와 하의의 컬러뿐 아니라 신발이나 벨트의 컬러까지 통일해준다면 이 공식이 가져다주는 효과가 더욱 배가될 수 있다는 사실도 잊지 말자.

Style Tip

캐주얼한 재킷 안에 바지와 같은 컬러의 티셔츠를

명문가 학생 같은 프레피 스타일이든 카우보이를 떠올리게 만드는 데님 셔츠든 셔츠만 입지는 않는다. 바지와 같은 컬러의 티셔츠를 입고 재킷의 단추를 한 개만 살짝 풀면 키가 훨씬 더 커 보일 수 있다.

스트라이프 패턴의 티셔츠를 적극 활용하라

가로 스트라이프 티셔츠를 상의로 입게 되면 상체는 짧고 다리는 길게 보이는 효과가 있다. 컬러풀한 V넥 니트의 안쪽에 바지의 컬러가 들어간 스트라이프 티셔츠를 입으면 단정하면서도 길어 보이는 룩으로 연출할 수 있다.

상의는 하의 안에 꼭 넣어 입기

잡지사의 패션 에디터와 스타일리스트로 일하면서 가장 난감하고 어려운 것이 연예인이 아닌 유명 인사와의 촬영이다. 그들은 높은 명성에 걸맞은 멋진 모습으로 갖춰 입길 원하나, 자신의 스타일리스트가 없는 데다가 꾸준히 한 우물만 파온 터라 많은 옷을 입어본 경험이 없기 때문이다. 한번은 어떤 유명 클래식 뮤지션과의 촬영이 있던 날이었다. 촬영 컨셉트는 '베이식(basic)'. 가장 기본이 되는 화이트 티셔츠에 청바지만 입고 맨발로 마치 연주하는 듯한 포즈를 취하면 되는 촬영이었다. 나는 티셔츠와 청바지, 그리고 액세서리로 착용할 빈티지한 클래식 손목시계와 은은한 은테 안경을 준비하기로 마음먹었다. 그렇게 시간이 흐르고 촬영 당일, 스튜디오에 도착한 그에게 촬영 컨셉트를 설명하자 갑자기 난색을 표했다. 단신이기 때문에 맨발로 사진을 찍는 것은 마치 누드 촬영과도 같을 거라며 구두라도 신길 원한 것. 설득하는 길은 두 가지뿐이었다. 신장을 늘려주는 후반 작업과 멋진 핏의 청바지로 안심시켜주는 것! 하지만 나도 막상 긴장되기는 마찬가지였다. 나는 그를 위해 다양한 종류의 청바지를 준비했지만 어떤 것이 좋을지 몰라 이것저것 그에게 권해주었다. 그때였다. "전 밑위(지퍼가 달린 바지의 가운데 부분)가 짧은 것만 입어요." 뜻밖에도 그가 내게 자신의 의사를 표현했다. 너무도 고마웠다. 밑위가 짧은 것이 기본적으로 다리를 길어 보이게 만드는 것은 알았으나 40대 후반의 그가 입기에는 불편할 수도 있다는 생각에 차마 권하지 못하고 있었기 때문이다!
"밑위는 짧지만 나팔(부츠커트)바지의 실루엣은 조금 지난 느낌이 들어서요. 여기 밑위가 짧고 스트레이트 핏에 워싱이 많지 않은 이 청바지가 좋으실 것 같아요." 나는 이렇게 권유했고, 그는 촬영 내내 구두를 신지 않았다.
그렇다. 청바지든 코듀로이 바지든 치노 바지든 당신이 어떠한 스타일의 캐주얼한 바지를 입든 간에 가장 먼저 고려할 점은 밑위가 짧거나 최소한 길지 않은 바지를 선택해야 한다는 사실이다. 처음에는 약간 불편할 수 있으나 입을수록 적응되고 편해질 것이며 무엇보다 다리가 길어 보인다는 이야기를 듣게 될 수 있다. 그리고 유행이 지나고 잘못 입으면 바닥에 밑단이 끌리기 일쑤인 부츠커트보다는 스트레이트 핏으로 입기를 강추한다.

Style Tip

벨트 없이 상의를 안에 넣어 입어보자

상의를 바지 위로 꺼내입으면 편하기는 하다. 하지만 상의의 컬러를 블랙과 네이비든 어두운 것으로 매치할 경우 벨트 없이 바지 안에 넣어 입어보자. 다리는 훨씬 길어 보이면서도 전체적으로 슬림한 룩을 완성할 수 있다.

밑위가 짧은 청바지는 데님 소재의 상의와 한 벌로

밑위가 짧은 청바지를 선택했다면 과감히 데님 소재의 셔츠나 블루 종을 상의에 입어 통일해보자. 마치 제임스 딘처럼 연출한다면 복고적인 무드의 인기와 함께 감각적인 모습으로 어필할 수 있다.

STEP 4/03

동안으로 변신시키는
후드 티셔츠의 미학

대학 시절, 첫 번째 연합 MT를 앞두고 제작한 이른바 '과티'가 후드 티셔츠였다. 이처럼 후드 티셔츠는 아마 누구에게나 캠퍼스 시절의 빛바랜 추억 한편에 자리 잡고 있을 것이다. 먼저 네크라인에 부착된 후드는 굳이 쓰지 않아도 키가 커 보이는 뒤태를 연출시켜준다. 전체적으로 목 라인에 달린 후드 장식이 신장을 길어 보이게 하는 것. 뿐만 아니라 후드는 젊어 보이게 만드는 재주도 지녔다. 구태여 청바지가 아니더라도 어떤 바지나 어떤 스타일에 매치해도 후드가 달린 아이템은 경쾌하고 감각적인 사람으로 연출해준다. 만약 면 소재의 후드 티셔츠가 부담스럽다면, 후드가 달린 클래식한 니트웨어를 추천한다. 아무런 패턴이 없는 이런 니트는 연령대와 관계없이 점잖으면서도 밝은 느낌을 주는 데 도움이 될 것이다. 패딩 점퍼를 비롯한 아우터 역시 후드가 달린 것으로 선택할 때 훨씬 더 젊은 감각으로 어필할 수 있다. 후드가 달린 상의를 입을 경우에 트러커 캡이나 페도라를 같이 매치하면 더욱 키가 커 보인다. 또한 상의의 허리선이 엉덩이 밑으로 내려오지 않을 정도의 길이로 선택하는 것이 좋다. 이때 바지 주름이 없고, 품이 넉넉하지 않은 스트레이트 핏으로 선택하는 것이 훨씬 더 길어 보일 수 있다. 끝으로 후드 집업 점퍼 안에 입는 상의 역시 바지와 같은 컬러로 매치하는 것이 현명하다는 사실을 명심하도록!

Style Tip

회색 후드 집업 점퍼는 블랙 컬러와 매치할 것

이 아이템을 더욱 효율적으로 입으려면 블랙 상의와 바지와 함께 매치하는 것이 좋다. 회색이 블랙 상의보다 밝아 상대적으로 커 보이면서도 안정적인 비율로 보인다.

후드 티셔츠는 일자 생지 데님 바지와 찰떡궁합

후드와 가장 잘 어울리는 하의는 언제나 스트레이트 핏의 생지 데님일 것이다. 하지만 하의가 너무 벙벙하면 후드를 입었을 때의 길어 보이는 효과가 퇴색된다.

가장 자주 입는
캐주얼
스타일

블루종이라면 뭐라도 좋다

아무리 춥고, 아무리 멋진 아이템이 나왔다 한들 허리를 채 넘지 않는 블루종 스타일을 구입하는 것이 현명한 캐주얼 룩 입기의 시작이자 끝이다. 물론 더 잘 표현하려면 다음의 3가지 팁을 참고하는 것이 좋다.

먼저 꼭 맞는 사이즈의 블루종을 선택할 것. 블루종의 생명은 타이트한 핏이 주는 생동감이다. 이것을 지키기 위해서는 팔도 허리도 아니고 어깨선에 꼭 맞는 사이즈로 선택하는 것이 필수다. 팔이 길다면 돌돌 말아 입으면 되고, 배 부분이 여며지지 않는다면 풀어놓고 입는 것이 블루종을 현명하게 입는 요령!

다음으로 상의는 블루종 밖으로 끄집어내지 말라는 것이다. 간혹 티셔츠나 셔츠 등 블루종 안에 입은 상의를 바지에 집어넣지 않고 그냥 끄집어내서 허리선을 굉장히 지저분하게 만드는 경우가 있다. 이렇게 되면 블루종을 입음으로써 신장이 길어 보이는 효과를 대폭 삭감시킨다.

마지막으로 블루종의 단추는 허리에서부터 3~4개 정도만 채우도록 하자. 집업 스타일이라면 지퍼를 그 정도 선까지만 채우는 것이 좋다. 이렇게 하는 것이 허리선을 잘록하게 만들어 전체적으로 슬림해 보일 뿐 아니라 목선에 여유를 두어 길어 보이는 실루엣을 만들어준다. 사소한 것이라도 꼼꼼하게 연출하여 블루종이라는 똑똑한 아이템을 더욱더 멋지게 입어보자.

Style Tip

블루종과 후드 티셔츠는 환상의 조합

블루종 안에 후드가 달린 상의를 매치한다면 훨씬 더 날씬하고 길어 보이는 뒷모습을 연출할 수 있다. 이때 후드 티셔츠의 컬러가 블루종보다는 어둡고 바지와 통일된다면 그야말로 금상첨화일 듯. 트러커 캡이나 굽이 있는 워커를 매치한다면 더욱 좋겠다.

블루종과는 극단의 컬러 대비 연출도 나쁘지 않다

젊게 연출하려면 블루종에 컬러를 입히자. 데님 블루종에 비비드한 옐로 티셔츠를 입고 레드나 블랙 바지를 매치한다면 복고적이면서도 밝은 느낌을 줄 수 있다. 갈색 가죽 블루종 역시 그린이나 블루 등 컬러풀한 바지나 상의로 생동감 있는 연출에 도전해볼 것.

키를 키우는
작은
액세서리

캐주얼 룩에서 빼놓을 수 없는 것이 바로 액세서리다. 하지만 힙합이나
언더그라운드 문화에 매진하는 특정 집단이 아니고서야 주렁주렁하고 액세서리를
걸치는 것은 여간 부담스러운 일이 아니다. 신장을 커 보이게 하면서도 센스 있는
액세서리에는 어떤 것이 있고, 어떻게 연출하는 것이 좋을까?
먼저 모자를 꼽아보자. 키를 커 보이게 하는 아이템 중 하나로 페도라 스타일도
물론 좋다. 하지만 캐주얼한 룩에 좀 더 편하게 매치하려면 트러커 캡도 좋은
선택이다. 트러커 캡은 트럭 운전기사를 연상하게 만드는 각진 형태로 아무렇게나
눌러 쓰기에 적합한 것을 말한다. 또는 요즘에 유행하는 챙을 구기지 않고
평평하게 해서 쓰는 뉴에라 스타일의 캡 모자도 좋은 선택일 듯. 얼굴이 길지 않다면
앞머리는 집어넣어 쓰는 것이 현명하다. 특히 골프나 보드를 탈 때 적합한 폴로
스타일의 면으로 된 모자는 반드시 앞머리를 꺼내지 않는 게 좋다. 트러커 캡이나
뉴에라 모두 삐딱하게 쓰는 것도 좋지만 정직하게 앞으로 살짝 띄워 쓰는 것이 요즘
유행이기도 하고, 키가 커 보이는 데 효과적이다.
더불어 추천하고 싶은 액세서리는 스카프다. 남자들이 스카프를 연출하는 것에
난감해한다는 사실은 알고 있으나 길이가 길지 않고 실크가 아닌 면 소재에 단순한
무채색 스카프라면 한결 접근하기 쉬워진다. 연출 방법은 간단하다. 티셔츠나
셔츠 혹은 겉옷의 네크라인에 닿을 수 있도록 목에 간단히 착용하는 것이다. 이때
스카프가 하의와 같은 컬러라면 더욱 멋스럽고, 신체 비율을 좋게 만드는 데도
효과적이다.

Style Tip

캡의 컬러는 하의와 맞추자

흔히 캡 스타일의 모자를 쓸 때 가
장 고민되는 것이 옷과의 컬러 매
치. 이때는 하의의 컬러와 맞추는
것을 권한다. 상의와 맞출 경우 하
의와 딱 이등분되어 전체 비율이
무너질 수 있다.

스카프는 X자로 심플하게 두 번 매듭을 주자

스카프를 매는 법은 두 번의 매듭
을 주어 X자 형태로 갈라선 스타
일이 포인트를 주기에 가장 적당
하다. 일자로 떨어지거나 돌돌 마
는 스타일보다 역동적이면서도
젊은 감각으로 어필할 수 있다.

뻔한 라운드 넥 말고 스타일리시한 U넥

누구나 한 장 이상 가지고 있는 티셔츠는 가장 기본인 것만큼이나 그 종류도 다양하다. 그중 가장 고려해야 할 것이 네크라인의 형태. 크게 둥그런 라운드 넥과 사각 모양의 스퀘어 넥, 그리고 V자 형태의 V넥으로 나눌 수 있다. 그중에서도 가장 남자들이 평범하게 입을 수 형태로는 라운드 넥을 꼽을 수 있다. 이 라운드 넥을 한 번 더 동그랗게 두르는 O자형의 모습을 한 스타일과 다소 목 부분이 늘어진 듯한 U자형의 모습을 한 스타일로 구분 지을 수 있다. 하지만 단도직입적으로 말해 프린트가 네크라인 근처에 담긴 O자형보다는 다소 목이 늘어져서 쇄골이 살짝 드러나는 U자형의 네크라인이 더 좋은 선택이다. 물론 너무 깊은 U자형 네크라인은 오버스럽겠지만, 기본적으로 U자형은 목선이 드러나는 만큼 상체를 좀 더 짧게 만들어 하체를 길어 보이게 연출하는 데 유리하다. 따라서 같은 디자인의 티셔츠가 있다면 네크라인이 조금 더 파여 있는 것을 선택하는 것이 좋다. 이런 U자형 네크라인의 티셔츠는 다소 넉넉한 핏의 바지라도 안에 넣어 입으면 신체 비율을 깨뜨리지 않으므로 더욱 다양한 연출이 가능하다. 앞서 언급한 스퀘어 넥은 주로 근육질의 남성다운 몸매를 지녔거나 어깨가 넓은 남성이 핏되게 입을 때 비로소 멋이 난다. V자형 네크라인 역시 가슴 근육이 발달된 사람에게 유리하므로 너무 깊게 파인 V넥 티셔츠는 키가 커 보이는 데는 불리하다.

Style Tip

V넥 니트 안에는 라운드 넥 티셔츠

V자형 네크라인의 니트를 현명하게 입는 방법 중 하나는 라운드 네크라인의 티셔츠를 상의로 매치하는 것이다. 이때 안에 입은 티셔츠의 컬러가 하의와 통일되면 더욱 심플하면서도 완성도 있는, 키가 커 보이는 룩을 만들 수 있다.

U넥은 밑위가 짧은 바지와 굽이 있는 신발을

우선 살짝 파인 U자형 네크라인은 속살이 보이므로 너무 하얀 피부보다 적당히 그을린 피부가 중요하다. 또한 밑위가 짧은 청바지나 턱이 없는 블랙 슈트 팬츠를 매치하고 티셔츠를 바지 안에 넣어주면 상대적으로 키가 커 보일 수 있다. 굽이 있는 신발도 필수!

반바지 길이는 무릎 위 아니면 딱 무릎까지만

흔히들 슈트 룩은 말 그대로 잘 차려입고 나서 그 뒤에도 신경 쓸 것이 많은 불편한 스타일인 반면, 캐주얼 룩은 정말 아무 데서도 털썩 앉을 수 있는 편안함이 뒷받침되어야 한다고 생각한다. 하지만 그렇게 편한 것만 고집한다면 키가 커 보이는 스타일은 폐기 처분될 수밖에 없다. 따라서 이 편한 스타일의 상징이라 할 바지 길이에 무엇보다 신경을 써야 한다. 그중 하나가 바로 반바지다.

남자들에게 반바지는 편한 옷이라는 변명 아래 조금은 심하게 풀어진 현상을 보이는 아이템 중 하나다. 예컨대 해변에서 입으려고 구입한 수영복을 시내 한복판에서도 반바지로 위장하여 아무 거리낌 없이 입기도 하며, '아메리칸 캐주얼' 스타일이라는 오해가 더해진 주머니 달린 카고 바지는 민소매 티셔츠와 정리 안 된 맨발에 플립플랍(흔히 말해 쪼리)을 매치하는 식의 스타일링으로 20대 남성의 교과서 룩으로서 악용되고 있다.

그렇다면 가장 주의할 점은 무엇일까? 바로 길이! 무릎 위나 최소한 무릎 라인에는 맞춰 떨어지는 것이어야 한다. 카고 바지는 대부분 무릎 아래로 내려오는 길이가 많은데 거기에 굽이 없는 통까지 신으면 그야말로 바닥에 붙어 다니는 느낌을 줄 수밖에 없다. 조금 기장이 긴 반바지는 살짝 접어서 무릎 선에 맞춰서 입자. 또한 무턱대고 스포츠 양말을 신기보다는 길이가 긴 양말에 스니커즈나 구두를 매치하여 반바지의 격을 좀 더 살릴 수 있는 연출에 도전해보길 권한다. 반바지에 이어 캐주얼한 바지 중 신경 써야 하는 것이 바로 발목을 살짝 넘는, 흔히 말하는 7부나 9부 길이의 바지들이다. 한마디로 키가 작은 남자에게는 굉장히 위험하다. 특히 종아리가 두꺼운데도 종아리까지 오는 7부 바지를 입거나, 상의를 바지 위로 꺼내 입어야 하는 통통한 남자가 발목에서 살짝 더 올라오는 9부 바지를 입는다면, 키가 작아 보임은 물론 누가 봐도 보기 흉하다. 그냥 긴 바지를 입어 차라리 살짝 접어 입어보는 것은 어떨까? 접은 면의 길이는 10㎝가 넘지 않도록 하고, 바지의 핏이 스키니하거나 스트레이트하지 않다면 일단 롤업은 피하는 것이 좋다. 정 하고 싶다면 한복 바지를 입는 것처럼 아래를 감싸 통을 최대한 줄인 뒤 2~3번 접어 말아 올리는 것이 좋다.

Style Tip

무릎 위로 오는 반바지에는 긴팔 상의로 노출 부담을 줄여라

아무래도 반바지의 길이가 짧아지는 것은 보통 남자들에게 부담이 되기 마련이다. 하지만 반바지처럼 시원하고 편한 아이템도 없다. 이럴 때는 상의를 긴 팔로 입는 것이 안정적이다. 시원한 마나저지 소재의 티셔츠도 좋고, 반팔을 입은 뒤 여름 소재의 재킷을 입어도 안정적이다. 블루 계열의 스트라이프 티셔츠를 입는다면 배우 이정재처럼 머린 룩으로 더욱 시원한 느낌을 줄 수 있다.

롤업한 바지에도 발목 양말은 피하라

발목까지 오는 스포츠 양말은 몇 년 전부터 유행하면서 요즘은 남용되고 있다는 느낌이 든다. 이 양말은 자전거나 운동할 때 어울리는, 말 그대로 스포츠용 양말이다. 따라서 청바지나 면바지를 살짝 롤업할 경우에는 발목 양말보다 정장용이 아닌 캐주얼한 긴 양말을 신어 살갗이 노출되지 않게 하는 것이 현명하다.

하얀 스니커즈는 기본

스머프들이 즐겨 신던 신발이 뭔지 기억하는가? 바로 하얀 스니커즈였다. 가가멜을 피하느라 바빴던 그들이, 금세 더러워져서 관리하기 어려운 하얀 스니커즈를 어떻게 매일같이 새하얗게 유지하면서 신었는지는 의문이지만, 평범한 키의 남자들은 그들의 흰 스니커즈를 따라 신을 필요가 있다. 특히 캐주얼 룩에서는 말이다. 아무래도 정장에 흰 구두를 신기는 어려울 테니까. 그 이유는 크게 2가지로 말할 수 있다. 먼저 블랙이나 레드 등 그 어떤 스니커즈의 컬러보다 키가 커 보이는 데 유리하다는 점을 들 수 있다. 전반적으로 지면과 닿는 면이 더 길어진 듯한 느낌을 주어 하체를 길어 보이게 만들기 때문이다. 또 하나의 이유는 흰 스니커즈가 어떤

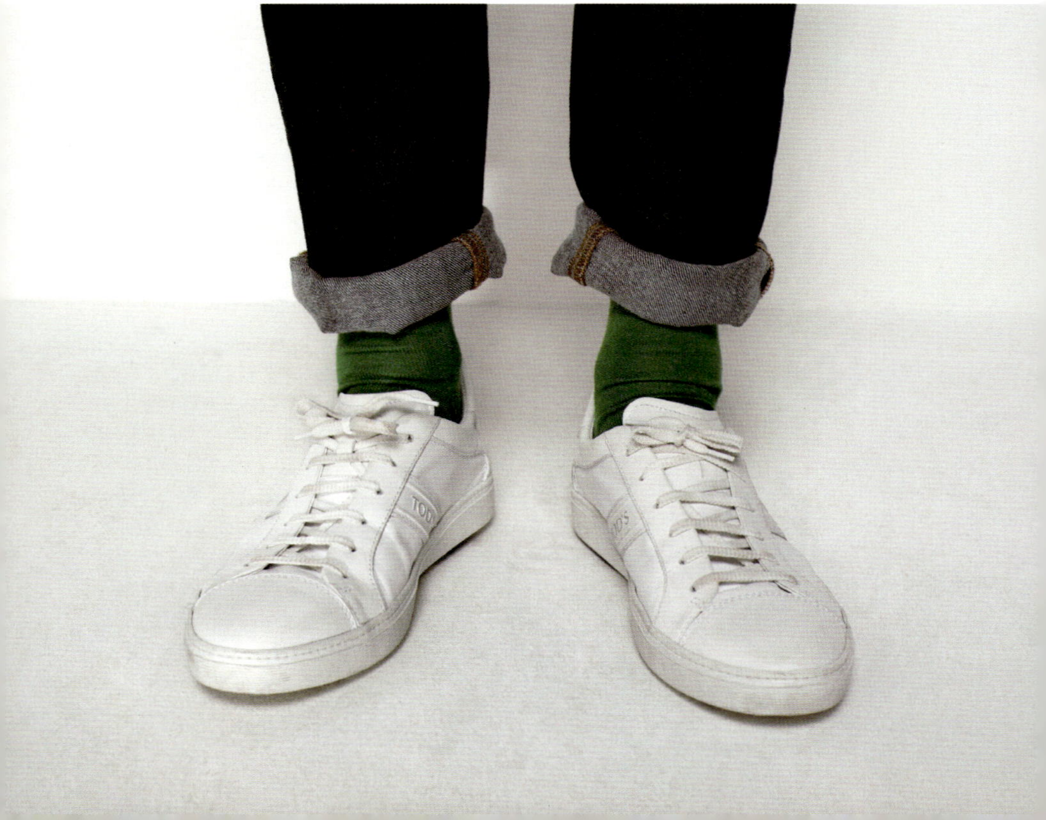

캐주얼 룩과도 매우 잘 어울린다는 점이다. 청바지나 면바지, 반바지나 코듀로이 바지까지 그 어떤 바지든 관계없이 말이다.

그렇다면 화이트 스니커즈는 어디서 구입하는 것이 좋을까? 먼저 스포티한 캐주얼 룩, 그러니까 패딩 점퍼라든가 스포츠 브랜드의 로고가 담긴 티셔츠를 사랑하거나 힙합을 즐긴다면 나이키나 아디다스, 리복이나 푸마 같은 스포츠 브랜드의 운동화를 권한다. 10만원대 안팎의 가격대에다 운동화 자체에 에어를 비롯한 쿠션이 장착되어 더욱 키가 커 보이는 효과가 있다. 단, 이러한 운동화를 신을 때는 바지의 통이 넉넉해서는 안 된다. 스트레이트 핏한 바지일 경우에만 신자. 또 하나 발목까지 올라오는 하이톱 운동화가 인기인데, 블랙 진에는 블랙 하이톱을 신는 것이 안전하다. 다음으로는 더욱 정돈되고 도시적인 시티 캐주얼 룩을 즐길 경우. 이때는 운동화보다는 말 그대로 스니커즈가 좋다. 컨버스나 반스 같은 브랜드의 경우에는 5만원대 이하로 구입이 가능하며, 코데즈 컴바인 같은 기타 국내 캐주얼 브랜드나 토즈나 프라다 같은 수입 브랜드에서도 만나볼 수 있다.

Style Tip

짙은 블루 컬러의 생지 데님과 매치하라

하얀 스니커즈와 가장 잘 어울리는 바지는? 바로 짙은 생지 청바지다. 상의에 흰색을 입어도 좋고, 튀는 색을 입어도 좋다. 단, 비 오는 날이나 막 신발을 구입한 경우에는 흰색 신발에 파란 물이 들 수도 있다. 따라서 이에 대비하여 살짝 접어 입는 것도 좋은 방법이다.

양말도 화이트 컬러로 통일

양말도 신발에 맞춰 흰색으로 통일하면 앉았을 때도 스니커즈와 이어지는 느낌을 준다. 포인트를 주고 싶다면 핑크부터 블루나 그린, 옐로까지 다양하게 시도해보도록! 단지 네이비나 블랙, 어두운 회색은 절대 피해야 한다.

STEP 4/09

피케 셔츠 한 장으로 센스 있게 멋내기

폴로나 빈폴 등 전통 트래디셔널 캐주얼 브랜드에서 주로 선보이는 칼라가 달린 피케 조직의 셔츠를 가리켜 흔히 폴로셔츠 혹은 피케 셔츠(이하 피케 셔츠)라고 한다. 이러한 피케 셔츠는 컬러나 디자인의 종류가 다양해 점잖은 슈트 안에 입을 수 있는 것부터 테니스 칠 때 좋은 스포츠 룩으로 가능한 것까지 쓰임새도 폭넓다. 남자의 옷장에 반드시 채워 넣어야 할 아이템인 피케 셔츠는 어떻게 연출하는 것이 좋을까? 먼저, 다음 2가지는 피하자. 우선 절대 칼라는 세우지 말 것. 가끔 깃을 세우면 키가 좀 더 커 보일 거라고 착각하는 남자들이 종종 있는데 오히려 짧은 목과 상체만을 강조할 뿐이다. 또한 굉장히 나이 들어 보이는 연출이므로 피하는 것이 좋다. 다음으로는 피케 셔츠 안에 금이나 은 등 체인 형태의 목걸이를 하지 말 것. 이것 역시 칼라를 세울 때와 마찬가지로 10년은 더 성숙하게 만드는 지름길이다. 그렇다면 어떤 것을 더하는 것이 좋을까? 우선 하의 안에 집어넣어 연출하자. 만약 길이가 허리 라인에 떨어지는 것이라면 굳이 하지 않아도 좋다. 하지만 길이에 여유가 있다면 바지 안에 넣어 입고, 천 소재의 컬러풀한 벨트를 착용하면 다리도 길어 보이고 스타일도 멋져 보일 것이다. 또 하의와 같은 컬러의 라운드 넥 티셔츠를 상의로 매치해보자. 연결된 느낌을 주어 몸의 비율이 더욱 좋아 보인다.

Style Tip

피케 셔츠 색 중 하나와 하의의 컬러를 맞춰라

피케 셔츠에 담긴 프린트의 컬러 중 한 가지와 하의의 컬러를 맞추면 안정감 있어 보인다. 만약 오렌지 피케 셔츠에 흰 스트라이프가 있다면 회색 바지보다는 화이트 바지가 훨씬 더 세련된 느낌을 줄 것이다.

하의와 같은 톤의 스카프를 매치하라

짧은 길이의 면 스카프를 하의와 같은 컬러로 선택하여 피케 셔츠 안에 매치하면 좀 더 감각적인 프레피 룩이 된다. 이때 트러커 캡이나 사각 프레임의 시계 등을 더해도 좋다.

여자들이 좋아하는
캐주얼
스타일

전체 룩은
3가지
색 안에서
승부하라

자, 이렇게 먼 길을 돌고 돌아 캐주얼 룩을 완성했다면 이제 거울 앞에서 최종 점검을 할 시간이다. 단, 캐주얼 룩을 입을 때는 컬러가 지나치게 많지는 않은지 따져봐야 한다. 머리부터 발끝까지 그 컬러의 수는 3가지 이내로 줄이자. 만약 자신이 블루 컬러의 모자와 노란색 티셔츠, 까만색 바지에 하얀색 운동화를 신을 생각이었다면, 그중 한 가지 컬러는 포기하는 것이 좋다. 이때 포기할 색깔은 앞서 언급한 팁에서 힌트를 얻자.

먼저, 겉옷 안에 입은 상의와 하의의 컬러를 통일하고 나머지 색을 버릴 것. 그게 아니면 모자와 가방 등 상체에 착용한 액세서리와 하의의 컬러를 맞추고 나머지는 포기하는 등의 방법을 떠올려야 한다. 만약 컬러가 3가지 이상 섞인 프린트 티셔츠를 입는다면, 이 티셔츠 안에 담긴 색깔 안에서 나머지 옷의 스타일링을 끝내는 것이 신체 비율을 망치지 않는 유일한 방법이다.

우리는 남들에 비해 많지 않은 등신, 즉 짧은 비율을 지녔다. 4가지 이상의 컬러가 뒤섞여 짧고 두터운 무지개떡처럼 비치길 원치 않는다면 반드시 전신 거울 앞에서 자신의 색깔 개수를 체크하고 거리로 나서도록 하자. 스타일링에서는 버리는 게 가장 어렵지만 중요한 책무다.

Style Tip

올 블랙으로 시크하게

아예 컬러를 쓰지 않는 것도 좋은 방법. 이럴 때는 티셔츠의 소매 끝을 살짝 롤업해서 피부 톤을 좀 더 노출하고 팔의 길이를 길게 하여 시원시원한 연출을 하는 것이 답답해 보이지 않게 한다. 올 블랙 이라면 상체의 핏이 넉넉하고 하체를 스키니하게 입는 등 다양한 핏을 통한 놀이도 가능해진다.

벨트는 하의 컬러에 맞춰라

상의를 하의 안에 넣어 입을 경우 벨트 컬러를 상의보다는 하의 컬러에 맞추는 것이 키가 커 보이는 데 도움이 된다. 또한 신발이나 가방, 모자 등 소품과 컬러를 통일하여 최대한 색의 개수를 줄이는 것이 현명하다.

STEP 5

키가 커 보이는
스포츠 스타일
레슨

여가 시간이 늘어나고 레저에 대한
관심이 높아지면서 스포츠 패션의
인기도 올라가고 있다. 피트니스
센터에서 또는 휴가지에서 당신의
남성미를 뽐낼 수 있는 바로
그 순간! 짧은 키를 커버하고 장점을
극대화하는 스타일링을 터득해
옷 잘 입는 센스까지 갖춘 쿨 가이로
거듭나자.

구릿빛 피부에 걸맞은 실버 액세서리

스포츠 룩을 잘 입으려면 무엇보다 보디라인을 다듬는 게 필수. 마치 맛있는 떡국을 끓이려면 떡의 재료인 품질 좋은 쌀이 준비되어야 하는 것과 같은 이치다. 그렇게 보디라인이 만들어지면 구릿빛으로 잘 그을린 피부 역시 반드시 뒤따라야 할 조건. 피부 톤을 스타일링 중 하나로 생각하는 것은 그에 따라 스타일이 굉장히 달라질 수 있기 때문이다. 그렇다면 여기에 가장 걸맞은 액세서리는 무엇일까?

단연 실버톤의 액세서리를 추천한다. 골드의 경우 구릿빛 피부에 묻혀 잘 티가 나지 않을 수 있으며, 노끈이나 색색의 실 혹은 나무 등의 소재로 완성된 액세서리는 수영복 이외의 아이템과는 매치하기 힘든 면이 있다. 하지만 실버 액세서리라고 다 좋은 것은 아니다. 아이템별로 적절한 사이즈와 연출법이 필요하다. 먼저 해변이나 운동장에서는 보통 굵기로 자신의 쇄골에 찰랑거릴 정도의 길이를 가진 목걸이가 단연 빛난다. 이보다 더 짧다면 짧은 목을 부각시켜 답답함을 유발할 수 있으며 반대로 이보다 더 길다면 하체가 짧아 보일 수도 있다. 그 외로도 액세서리를 즐긴다면 적당한 굵기의 팔찌도 좋다. 또한 기분 전환 삼아 휴양지에서 헤나(가짜 타투)를 해보려고 한다면 배꼽과 허리 사이에 있는 치골근 부위나 어깨 바로 옆의 팔뚝 부위 혹은 뒷목 부분에 하는 것이 키가 커 보이는 데 유리하다. 반대로 발목에 가로 형태를 넣거나 등 가운데에 문양을 넣으면 몸의 비율이 망가져 키가 작아 보일 수도 있다는 사실을 명심할 것.

Style Tip

반지는 깔끔한 링 형태로

해변에서도 무리하게 욕심내지 않은 액세서리 스타일링이 중요. 특히 큰 사이즈의 펜던트가 달린 반지는 유난히 튀어 몸의 비율에 맞지 않으며 분실 염려도 있다. 해변 혹은 다른 야외 운동 시에는 깔끔한 형태의 실버링으로 감각을 뽐내라.

목걸이의 펜던트는 세로 직사각형 프레임

물론 체인 형태의 목걸이가 가장 심플해서 좋다. 하지만 펜던트가 있는 목걸이를 선호한다면 원보다는 사각형의 프레임을 선택하자. 그중에서도 세로 직사각형 프레임을 선택한다면 슬림 효과는 배가될 것이다.

테니스 룩은 화이트로 통일

테니스는 가장 신사다운 스포츠 중 하나다. 한편 엄청난 힘과 스피드를 필요로 하는 남성적인 운동이자, 체력 향상에 좋은 파워풀한 스포츠이기도 하다. 우디 알렌 감독의 영화 〈매치 포인트〉에 출연하는 배우 조나단 리스 마이어스처럼 멋지게 보이려면 테니스 실력만큼이나 의상에도 신경을 써야 한다. 일단 기본 조합은 피케 셔츠에 반바지다. 그리고 앞에서도 언급했지만 테니스복이 원래 그렇듯 무릎 위로 올라오는 반바지를 선택하는 것이 필수다. 그러고는 칼라가 있는 피케 셔츠를 땀이 잘 통하는 것으로 선택하면 된다. 문제는 컬러다. 과연 어떤 조합이 코트 내에서 가장 건강해 보이며 멋질까? 바로 화이트 컬러가 답이다. 다른 컬러의 배합보다 테니스장이라는 야외에 가장 걸맞으며 구릿빛 피부 톤을 적나라하게 드러낼 수 있는 아이템이 아니던가!

요컨대 피케 셔츠부터 양말, 머리에 착용한 헤어밴드까지 올 화이트로 통일하라. 가장 심플하면서도 좋은 비율로 업그레이드해서 보일 수 있는 방법 중 하나다. 만약 약간의 컬러로 포인트를 주고 싶다면 상의만 다른 컬러로 바꿔 입어보자. 녹색이든 오렌지든 혹은 블랙이든 다른 부분의 의상이 전부 화이트로 통일된 통에 키가 커 보이면서도 세련된 느낌이 난다.

Style Tip

화이트 일색이 지루하다면 운동화 끈으로 포인트를

다른 액세서리를 더하기 힘드므로 운동화 끈을 색깔 있는 것으로 바꿔 연출해보자. 색깔 있는 운동화 끈은 스포츠 의류 브랜드 매장에서 1만원 선에서 구입이 가능하다. 핑크나 형광 연두 등 눈에 띄는 컬러로 선택하는 것이 좋다.

피케 티셔츠의 길이는 엉덩이를 넘지 않게

피케 티셔츠의 길이는 엉덩이를 넘지 않는 것으로 선택하여 움직일 때마다 복근을 살짝쌀짝 노출시키는 것이 현명하다. 또한 셔츠의 소매를 2~3번 정도 2cm 간격으로 말아 올리는 것이 팔도 길어 보이고 신체 비율도 좋게 만든다.

가장 자주 입는
스포츠
스타일

수영복은
무릎
위로 짧게

해마다 구입하는 것이 쉽지 않은 수영복은 한번 구입할 때 체형에 잘 맞는 것을 선택하도록 한다. 우리는 너무 딱 붙지도 않고 무릎을 살짝 덮을락 말락 한 길이의 트렁크 스타일을 선택하는 것이 현명하다. 이렇게 미디엄 길이의 트렁크 스타일 수영복은 앞에서 언급한 소매 없는 후드 집업 점퍼와 레이어드해서 입으면 더욱 키가 커 보이는 효과가 있다. 신발 역시 발등이 최대한 많이 노출되는 디자인을 선택하면 하체가 길어 보일 수 있으므로 명심하도록. 단지 복부 비만인 사람은 고무 밴드 형태는 피하는 것이 좋으며 기하하적인 프린트처럼 시선을 분산시키는 패턴을 선택하는 것이 현명하다. 하지만 이런 트렁크 스타일의 수영복은 야자수나 플라워, 페이즐리를 비롯한 다양한 프린트와 컬러로 처음에는 다소 접근하기 어려울 수 있다. 실내 수영장을 즐기고 몸매까지 좋다면 타이트한 단색의 사각 드로즈 스타일을 추천한다. 여기에 하얀색 민소매 톱을 매치한다면 어떤 곳에서도 빛나는 연출로 완성할 수 있다. 좀 더 감각적인 수영복 스타일링을 원한다면 타이트한 사각 수영복을 안에 입고 그 위에 트렁크 스타일의 수영복을 덧입어보자. 이때 안쪽 수영복이 보이도록 트렁크를 골반에 살짝 걸쳐 입어주면 2가지 컬러가 동시에 드러나는 섹시한 레이어드로 표현할 수 있다. 만약 해양 스포츠를 즐긴다면 그 효과는 배가될 것. 이렇게 2가지를 겹쳐 입으면 타이트한 사각만 입었을 때의 민망함을 커버하고 트렁크만 입었을 때 드러나는 불룩한 뱃살도 한 번 더 정리할 수 있는 여지가 있다.

Style Tip

프린트 트렁크 안에는 비비드 컬러 사각 수영복을!

만약 2개의 수영복을 겹쳐입길 원한다면, 프린트가 있는 수영복을 겉에 입고, 안에는 강렬하고 짙은 비비드 컬러의 수영복을 매치하는 것이 좋다. 해변에서는 조금 튀는 것이 밝고 스타일리시해 보인다.

수영복이 민무늬라면 상의는 패턴이 있는 것으로

민무늬 수영복을 입었다면 상의에는 패턴이 다소 들어간 것을 매치하는 것이 현명하다. 야자수 모양의 하와이안 스타일 셔츠라면 반드시 소매를 접어 올려 날씬하게 연출하라. 네크라인 쪽으로 프린트가 가득 담긴 상의도 좋다.

트레이닝 바지는 세로줄로 포인트를

요즘 대한민국 남성들이 가장 힘을 쏟는 시간 중 하나가 바로 피트니스 센터에서 보내는 시간이다. 시작은 배우 권상우나 가수 비가 몰고 온 메트로섹슈얼 열풍과 더불어 이른바 '몸짱 열풍'이었으나, 최근엔 좀 더 발전적으로 다이어트와 건강관리 등의 방향으로 변화하면서 헬스 역시 생활 스포츠 중 하나로 자리 잡았다. 그렇다면 어떤 룩을 입는 것이 운동하기 편하면서도 여성들에게도 어필할 수 있는, 키가 커 보이는 아이템일까?

먼저 단도직입적으로 트레이닝 바지에 세로줄이 들어간 것을 선택하길 권한다. 선이 3개거나 2개거나 하는 문제는 크게 중요하지 않다. 세로선이 들어간 것만으로도 러닝머신을 하는 당신의 하체는 훨씬 길어 보일 것이다. 상의는 하의에 들어간 선의 컬러와 통일하면 멋스러우면서도 신체를 좀 더 늘려 보이는 효과를 줄 것이다. 예를 들어 블랙 바지에 화이트 선이라면, 화이트 민소매 톱을 매치하고, 화이트 바지에 레드 줄이라면 레드 티셔츠를 매치하는 것이 좋은 방법이다. 거기에 화이트 운동화를 매치하라. 화이트 운동화는 키가 커 보이는 데 가장 핵심적인 신발 중 하나다. 땀을 흡수할 수 있는 매시(그물 형태의 망)나 면 소재의 캡 모자를 착용하는 것도 좋다. 시계는 둥근 프레임보다 사각 프레임의 스포츠 전용 워치로 반드시 착용하고(스틸이나 가죽 밴드 시계로 운동하는 어설픔은 이제 제발 버려라), 반지나 목걸이 등 액세서리는 실버 소재로 최대한 절제하여 착용하는 것이 좋다. 만약 반바지를 착용한다면 무릎 위로 올라오는 것이 필수적이다.

Style Tip

바지 줄무늬의 색과 상의의 색을 통일하라

트레이닝 바지에 담긴 줄무늬의 색과 상의의 색을 통일함으로써 더욱 세련되면서도 안정된 신체 비율로 키가 커 보이는 스타일을 완성할 수 있다. 상의는 네크라인이 쇄골을 드러내는 것으로 선택하는 게 효과적이다.

캡 모자의 컬러는 밝은 것으로 선택하라

머리가 헝클어지는 것도 방지하고, 키가 커 보이는 데도 효과적인 캡 모자를 착용할 경우에는 화이트 운동화처럼 밝은 컬러로 선택하는 것이 현명하다. 특히 트레이닝 바지의 컬러와 같은 것으로 선택하면 더욱 활동적이고 자연스러워 보인다.

상의는 어둡게 하의는 밝게 스키복의 공식

스키나 보드복은 컬러의 배합에 주의하자. 상의와 하의에 각각 어떤 컬러를 매치하느냐가 스타일링의 50% 이상을 결정짓기 때문. 이 경우 단신남이 옷을 입을 때 항상 머릿속에 담아둬야 하는 '상의는 어둡게, 하의는 밝게'란 기본 공식에서부터 시작하자. 그중 가장 남성다우면서도 모던함을 뽐낼 수 있는 컬러의 매치는 상의 블랙, 하의 화이트의 조합이다. 이때 하얀 바지와 하얀 스키용 부츠를 매치한다면 하얀 설원에서 당신의 다리 길이는 3㎝ 이상 길어 보일 것이다. 블랙 상의에 후드가 달려 있는 것이라면 더욱 경쾌하고 젊은 감각으로 어필할 수 있다. 또한 스키 의상에서는 털모자 혹은 비니의 컬러가 매우 중요한데, 어두운 상의의 컬러보다는 밝은 하의의 컬러와 통일하는 것이 머리부터 발끝까지 더 길어 보일 수 있다. 만약 상·하의를 모두 한 가지 컬러로 통일하고자 한다면 어두운 컬러보다는 화이트나 그레이, 옐로나 그린 등의 밝은 컬러가 효과적이다. 또한 컬러의 매치에 위트를 주어 남들보다 조금 튀고 싶다면 아예 상·하의 컬러가 강렬히 대비되는 것으로 선택하고 액세서리는 상의 위에 있는 것은 상의의 컬러로, 하의 아래에 있는 것은 하의의 컬러로 통일하라. 예를 들어 레드 상의에 블루 바지를 입는다면 레드 비니를 쓰고, 블루 부츠를 신는 것이 개성도 살리면서 키를 커 보이게 할 수 있다.

Style Tip

비비드 컬러의 상의는 블랙으로 눌러주자

개성 넘치는 비비드 컬러의 스키 복을 선택한다면 그 조합에 상관 없이 블랙 아우터를 믹스하는 것 이 키가 커 보이는데 유리하다. 이 때 컬러감을 더 살리길 원한다면 블랙 패딩 조끼를 선택하는 것이 모던하고 남성적으로 보인다.

후드가 달린 상의에 패턴있는 바지가 기본!

키가 커 보이려면 후드가 달린 상 의와 패턴이 있는 바지로 매치하 길 권한다. 모던해 보이면서도 다 리가 길어 보인다. 여기에 라인이 들어간 그래픽적인 패턴이 있는 것이라면 효과가 커진다. 비니를 쓴다면 한결 더 경쾌해 보일 것.

아웃도어복은 상의를 패턴이나 포인트 컬러로

부모님을 비롯하여 젊은 세대까지 요즘 모든 이에게 가장 대중적인 레저 활동으로 자리 잡은 것이 바로 등산과 하이킹 등 아웃도어 스포츠다. 하지만 아웃도어복이 결코 아웃도어용으로만 멈추지 않고 골프나 여행 혹은 일상생활에서도 착용 가능한 다양성을 강조하는 형태로 발전하고 있으므로, 단지 등산용 의상으로 생각해서 아무거나 입어서는 절대 안 된다. 그렇다면 어떠한 스타일의 아웃도어복이 제격일까? 일단 산행에서는 조금 더 컬러에 포인트를 주어 개성을 표현하는 것이 좋다. 만약의 경우 구조 시에도 남들의 눈에 띄기 좋으므로 비비드 컬러를 매치하는 것이 좋다. 하지만 전체적으로 컬러가 너무 튀면 키도 작아 보이고 가벼운 인상을 준다. 따라서 옐로나 올리브, 터키 블루 등 내추럴 비비드 컬러로 상의에만 포인트를 주고, 하의는 화이트나 베이지, 그레이 등 밝지만 모노톤인 컬러를 매치하여 차분하면서도 세련되게 표현하는 것이 좋다. 만약 튀는 컬러를 원치 않는다면 상·하의의 컬러를 블랙이나 네이비로 통일하여 길이가 길어 보이게 연출하고 스카프나 배낭, 모자 등의 액세서리로 컬러감을 표현해보는 것도 좋다. 등산화의 경우는 바지의 컬러와 연결하여 통일시키는 것이 가장 다리를 길게 보이는 방법이므로 웬만하면 바지와 같은 컬러로 통일하자.

다음으로, 아웃도어 룩에서 빼놓을 수 없는 요소가 갑작스러운 우천이나 고지대 추위 등 변덕스러운 날씨를 대비하는 것. 방수, 방풍, 투습성 등 기능적인 면을 고려해서 등산 초보자는 어떤 아이템을 구입하는 것이 좋을까? 집업 티셔츠와 고어텍스 소재 재킷, 그리고 신축성이 뛰어난 바지와 등산화, 이렇게 4가지가 가장 기본이다. 집업 티셔츠는 목을 보호할 뿐 아니라 온도에 따라 지퍼를 조절할 수 있기 때문에 체온 조절을 할 수 있다. 비바람을 막아주고 방풍과 방수 기능이 뛰어나 초여름까지 착용 가능한 고어텍스 소재의 재킷과, 이동하는 데 무리가 없고 보온성까지 뒷받침되어야 하는 바지 역시 필수적이다. 그리고 등산화. 한국의 산은 거의 다 입자가 단단한 화강암으로 이뤄져 있으므로 접지력이 뛰어난 등산화로 사고를 예방하는 것이 좋다. 완벽하게 방수가 되는 고어텍스 소재에 하산 시 앞쪽으로 체중이 쏠리기 때문에 평소 신는 신발 사이즈보다 5㎜ 정도 큰 것을 선택하자.

Style Tip

아웃도어 룩에 빼놓을 수 없는 것
이 모자와 양말이다. 아주머니 같
을까 걱정된다면 스카프로 두건
을 쓴 뒤에 페도라를 착용하면 남
성다워 보인다. 양말은 아가일 체
크 패턴을 신는 것이 발목과 다리
선을 더 길어 보이게 한다.

등산복 역시 상의와 바지, 등산화
까지의 컬러를 하나로 통일하면
신장이 길어 보인다. 일종의 보험
역할을 하는 셈이다. 고어텍스 점
퍼나 배낭, 모자 등의 컬러는 포인
트를 줄 수 있는 것으로 좀 더 자
유로운 선택이 가능하다.

STEP 5/07

골프웨어는 머린 룩에서 힌트를 얻자

여러 가지 스포츠 중 골프는 그야말로 남자에게 굉장히 사적이면서도 접대라는 보수적인 의미를 지닌 스포츠다. 골프에서는 실력과 매너만큼이나 골프웨어가 중요하기 마련이다. 필드에서 어떤 골프웨어를 입고 있느냐에 따라 그만큼 비즈니스 상대에게 호감을 전달하기 쉬워질 수 있기 때문이다.

그래서 제안하는 것이 바로 머린 룩이다. 머린 룩은 화이트나 블루를 기본으로 하여 스트라이프 패턴이 들어간 의상을 입는 바다의 선원같이 시원하면서도 청량한 느낌이 드는 스타일을 말한다. 골프웨어도 이러한 스타일로 입는다면 키가 커 보이면서도 신뢰감을 줄 수 있다. 역시 가장 기본 조합은 블루 상의와 화이트 팬츠겠지만 스트라이프 패턴이 담긴 블랙 상의와 화이트 팬츠, 혹은 옐로나 그린의 조합 등도 굉장히 산뜻해 보인다. 스트라이프 선의 굵기에 따라 더 다양한 개성도 표현할 수 있고 칼라가 있는 피케 셔츠나 날씨가 쌀쌀하다면 흰색의 머린

스타일 재킷을 덧입어 좀 더 신사스럽게 연출할 수도 있다. 특히 스트라이프 피케 셔츠는 흰색 면바지나 로퍼와 매치하여 평상시의 캐주얼 룩으로도 응용이 가능하다. 폴로나 빈폴, 헤지스 등 트래디셔널한 골프웨어에서 쉽게 만나볼 수 있다.

그 밖에 조금 단정하면서도 심플한 이미지를 추구한다면 드라마 〈꽃보다 남자〉를 통해 뜬, 상류층 학생의 이미지를 주는 프레피 룩을 응용하는 것도 좋다. 가문의 문양 같은 엠블럼이 달린 골프 재킷을 기본으로 바지와 셔츠의 컬러는 하나로 통일하는 것이 키가 커 보일 수 있는 요령이다. 여기에 상의와 같은 컬러의 헌팅캡으로 포인트를 주자. 가을이라면 베이식한 흰색 긴팔 티셔츠에 컬러가 있는 피케 셔츠를 매치하고 흰색 바지를 입는 파스텔 톤의 컬러 매치도 도전해보는 것이 좋다.

Style Tip

어려 겹 껴입기가 거북하다면 다양한 체크 패턴의 조끼로 상체에 여유를 주고, 베이지나 화이트 혹은 밝은 회색 등 가벼운 컬러의 바지로 다리 라인을 길어 보이게 하는 것이 좋다. 이때 밝은 색의 헌팅캡을 매치한다면 젊어 보이면서 깔끔한 느낌을 줄 것이다.

**살집이 있다면 화이트
액세서리를 활용하자**

머린 스타일의 골프웨어에서 가장 중점이 되는 것은 바로 화이트 컬러. 하지만 통통하거나 건장한 몸매라면 화이트 컬러는 자칫 더 부해 보일 수도 있다. 이럴 때는 재킷이나 바지 등 전면에 드러나는 것보다 상의나 구두, 모자, 벨트 등 포인트가 되는 액세서리로 활용하는 것이 현명하다.

STEP 5/08

축구복 저지는 테일러드 재킷과 매치

가장 남성다운 스포츠 중 하나인 축구의 저지 아이템은 평상시에는 입고 나가기가 민망한 것이 사실. 하지만 저지 아이템 역시 믹스&매치를 적절하게 해주면 평소에도 훌륭한 스포츠 룩으로 소화할 수 있다. 거기에 키워드가 되는 아이템이 바로 블랙 테일러드 재킷이다. 흔히 저지는 국기나 클럽의 엠블럼 등이 마치 현란한 프린트처럼 그려져 있어 가장 스포티브한 아이템 중 하나로 불린다. 이러한 아이템을 가장 포멀한 아이템인 전통의 테일러드 재킷과 매치한다면 그야말로 믹스&매치의 최고조를 이루며 '멋쟁이' 소리를 한 번에 들을 수 있을 것이다. 이때 주의할 점이 키가 커 보이기 위해 늘 강조하는 재킷 안 상의와 바지의 컬러 매치! 저지의 컬러가 밝다면 흰색 바지나 청바지를 매치하고, 저지의 컬러가 진하거나 어둡다면 블랙이나 네이비 등 어두운 색의 바지를 매치하는 것이 현명한 선택이다. 신발은 바지의 길이나 핏의 영향을 받게 마련. 스키니하다면 앵클부츠나 포멀한 옥스퍼드화도 나쁘지 않고, 스트레이트 핏이라면 차라리 화이트 스니커즈를 매치하여 스포티함을 부각하는 것이 좋다. 더 재미를 주려면 무릎 위로 올라오는 반바지에 구두를 매치하여 개성을 살려보는 것도 좋고, 뿔테 안경이나 행커치프로 포인트를 살려도 센스 있는 선택일 것. 옷장에 처박아둔 저지가 있다면 빈티지함까지 살려 그 어떤 티셔츠보다도 훌륭한 스포츠 룩으로 승화시켜보자.

Style Tip

바지는 진한 생지 데님

어떤 저지라도 블랙 재킷과 매치한다면 생지 데님만큼 잘 어울리는 바지는 없다. 이때 바지는 너무 타이트하지 않은 스트레이트 핏 정도로 선택하고 10㎝ 이하 폭으로 접어 올려 경쾌함을 부각시켜도 좋다.

재킷은 반드시 열어라

저지 티셔츠를 상의로 입을 경우 저지의 품이 재킷보다 크다. 이럴 때 억지로 재킷을 채운다면 구겨진 저지가 밖으로 드러나 보기 흉하다. 핏되는 블랙 재킷으로 선택하고 단추를 풀어 자유로운 느낌으로 연출하는 것이 중요하다.

가장 스타일리시한
스포츠
스타일
adidas
FOOTBA

민소매 농구복을
일반 티셔츠와 겹쳐 입기

농구복에는 민소매의 매시 소재로 된 톱이 농구팀이나 국가별로 다양하게
존재한다. 뒤판 역시 저지처럼 백넘버가 달려 있기 마련. 단지 축구복의 저지와 달리
소매가 없고 길이가 훨씬 더 길어 농구할 때가 아니고서야 웬만해서는 소화하기가
쉽지 않다. 하지만 젊은 감각으로 스포티브한 감성을 드러내고자 할 때는 이만큼
좋은 아이템도 드물다. 그렇다면 가뜩이나 농구와는 거리가 아주 먼 키 작은
평범남은 어떻게 이 민소매 톱을 소화하는 것이 현명할까?
더도 덜도 말고 민소매 톱의 앞부분은 바지 안에 넣어서 입으면 된다고 말하고
싶다. 딱 절반만 안에 넣어 입고 뒤에는 꺼내도 나쁘지 않다. 이것만으로도
농구복을 일상생활에 매치했을 때 강조되는 작은 키를 많이 상쇄시킬 수 있다. 물론
농구할 때도 우리 같은 단신남은 상의를 바지 안에 집어넣고 하는 것이 필수다.
이때 바지와 벨트는 민소매 톱과 같은 톤의 컬러를 매치하는 것이 좋고, 특히
바지의 핏이 너무 벙벙하거나 밑위가 긴 헐렁한 스타일은 피하는 것이 좋다. 적당히
핏되는 바지라면 화이트 하이톱 운동화를 매치하는 것도 좋다. 또한 트러커 캡이나
뉴에라 같은 모자를 더해 키를 조금 더 보완해준다면 〈슬램덩크〉의 강백호 같은
자유분방한 스포츠 룩을 완성할 수 있다.
여름이라면 민소매 톱만 입어도 무방하겠지만 민소매에 다소 거부감이 있다면
바지와 같은 컬러의 라운드 넥 티셔츠를 안에 매치하는 것도 좋은 방법이다.
누차 언급하지만 바지랑 같은 컬러 톤일수록 유리하며, 만약 화이트 티셔츠를
매치하고자 한다면 화이트 바지가 부담될 테니 물 빠진 청바지로 대체하는 것도
추천할 만하다. 가을이나 겨울에는 이 톱보다는 길이가 짧은 블루종을 매치하여
기장의 변화를 주는 스타일로 업그레이드해보는 것도 좋다.

Style Tip

깔끔함을 원한다면 셔츠를 안에 입고 타이를 매라

농구복에서 나온 민소매 톱에 셔츠를 입는 단정하면서도 과감한 스타일에도 도전해보자. 여기에 슬림한 타이를 매고 생지 데님이나 블랙 진을 입고 재킷을 매치한 후 캡 모자를 착용하면 뮤지션 같은 자유로움도 느끼면서 세련된 멋쟁이로 등극할 수 있다.

컬러풀한 민소매 톱이라면 컬러 있는 바지로

편안하면서 펑키한 스트리트 룩을 시도하고자 한다면 컬러풀한 민소매 톱에 컬러풀한 바지를 입는 것도 좋은 방법이다. 이때 키가 신경 쓰인다면 상의 쪽은 상의 쪽대로, 하의 쪽은 하의 쪽대로 액세서리 색깔을 통일하는 것이 현명하다.

야구 점퍼에 담긴
2가지 색으로
마무리하라

Style Tip

두꺼운 모 소재의 야구 점퍼를 착용했다면, 바지와는 상관없이 머플러나 털모자를 함께 연출하여 개성을 살릴 수 있다. 머플러는 부하지 않고 짧은 것으로 딱 한 번 묶어주고 털모자는 어둡지 않은 밝은 컬러로 선택한다면 작은 키를 커버하는 데도 효과적이다.

가죽 소재의 야구 점퍼는 조금 고가이긴 하지만 구입한다면 블랙 진과 앵클부츠와 매치하여 록스타처럼 연출할 수도 있고, 슈트 팬츠와 구두를 신어 세련되게도 연출 가능하다. 무엇보다 30대 이상의 남성도 충분히 입을 수 있다는 게 장점.

　야구를 모티브로 한 MLB 같은 캐주얼 브랜드부터 수많은 중저가 브랜드에서 착한 가격으로 다양한 디자인을 매 시즌 선보이는 것이 바로 야구 점퍼다. 그렇다면 이 야구 점퍼를 활용해 야구장이 아닌 거리에서도 더욱 센스 있고 길어 보이는 연출법에는 무엇이 있을까? 야구 점퍼에서 주목해야 할 것이 몸통과 소매 부분의 색깔 배합을 다른 의상들의 색깔로 최대한 활용하는 것이다. 예를 들어 몸통은 블랙이고, 팔 부분은 화이트로 된 야구 점퍼라면? 바지와 상의 역시 화이트와 블랙에 가까운 컬러로 마무리하는 것이 통일감 있고 안정감을 준다. 꼭 단색이 아니어도 좋다. 몸통은 노랑, 팔 부분은 파랑으로 배합된 야구 점퍼라면, 청바지에 옐로나 연갈색 티셔츠를 입는 것이 경쾌하면서도 세련된 느낌을 줄 수 있다. 만약 이때 레드나 핑크 등 다른 컬러의 티셔츠로 총 컬러가 3가지 이상이 된다면 전체적으로 신체 비율이 분리된 느낌을 주어 키가 작아 보이는 역효과가 난다. 컬러가 아닌 핏으로 이야기하자면 야구 점퍼는 어깨 라인이 대부분 라글란 스타일(어깨와 팔의 경계선이 없이 둥글게 마무리된 스타일)이므로 전체적으로 상체가 커 보일 수 있다. 따라서 바지의 핏과 특히 신발 높이가 적절해야만 전체적인 실루엣이 자연스러워 보인다. 너무 넉넉한 바지는 좋지 않고, 스키니한 핏의 바지라면 굽이 있는 앵클부츠나 하이톱 운동화를 신어도 좋다. 겨울이라면 머리에 폼 장식(동그랗게 털실 장식이 마무리된)이 달린 털모자를 써서 위에 좀 더 여유를 주어도 좋다. 만약 야구 점퍼를 조금 더 재미있게 입으려면 그보다 긴 상의를 안에 입어 길이의 불균형을 주는 방법이 있다. 하지만 이때는 상의와 바지의 컬러가 통일되어야 키가 작아 보이지 않는다.

절대 피해야 할 10가지 아이템

모처럼 쇼핑차 백화점 입구에 들어선
당신을 향해 다가서는 점원. 빳빳하게 다려
입은 셔츠와 간결한 말투로 무장한 그들의
유혹은 외롭게 홀로 쇼핑하는 당신에겐
너무도 달콤하게 다가오겠지만, 잊지 마라.
그들의 권유는 독이 될 수 있다! 키가 크지
않은 평범남이 절대 사지 말아야 할 10가지
아이템의 공격이 지금부터 시작된다.
부디 살아남길!

절대 사지 말아야 할 것:
가로로 긴 커다란 토트백, 크로스백

남자에게 가방은 판도라의 상자와도 같다. 여자의 핸드백 속에는 누구나 유추할 수 있듯 약간의 현금과 지갑, 그리고 빨간 립스틱과 향수, 앤티크한 디자인의 손거울 정도가 들어 있을 것이다. 하지만 남자는 그렇지 않다. 가방 안에 무엇이 들어 있을지 예측하기 어렵다. 그만큼 가방은 남자에게 자동차만큼이나 중요하고 비밀스러운 액세서리다. 가방을 사러 매장을 찾은 당신에게 점원이 축구 선수 호날두처럼 틈을 놓치지 않고 빅 사이즈의 토트백을 추천한다. "수납공간도 충분하고, 무엇보다 양복 자주 입으시면, 옷 라인이 망가지지 않아서 좋아요. 세련되어 보이죠?" 넘어갔는가? 하지만 점원은 당신의 키를 고려하지 않고 있다. 그러자 다시 점원은 이내 잘 빠진 크로스백을 어깨에 걸치며 재등장한다. "끈이 길어서 그냥 무심하게 착 메어주시면 양복부터 캐주얼 차림까지 다 어울리는데." 점원의 제안은 이어지지만 당신은 유행과 실용성만큼이나 고려해야 할 것이 있다. 바로 신장. 빅 사이즈의 토트백은 무게중심을 아래로 쏠리게 하여, 그야말로 당신의 외향적인 스펙을 초라하게 만들 것이다. 트렌디하다는 크로스백은 그 끈의 길이가 길어지면 질수록 빅 사이즈의 토트백처럼 당신의 전신을 망가뜨려놓을 것이다. 극복했는가? 이제 내가 제안하는 정당한 유혹을 참고하라. "남성지 2권 정도 사이즈의 브리프케이스 스타일 토트백이라면 안성맞춤이다. 캐주얼한 차림에는 크로스백보다는 배낭으로 결정하라."

절대 사지 말아야 할 것:
더블 재킷

"더블 브레스티드 재킷이 딱이실 것 같아요." 그렇다면 점원의 말에 이렇게 답하라.
"제 배는 보고 제 키는 못 보신 것 같군요."

분명 확실한 것은 헬스클럽 따위는 무시하고 사는 당신의 똥배를 전면에 단추가 2
줄인 더블 브레스티드 재킷이 가려줄 수 있다는 점이다. 하지만 아주 특별한 핏의
디자인이 아니고서야 대다수의 더블 브레스티드 스타일의 재킷은 당신의 상체를
무시무시하게 비대하고 길어 보이게 만들 것이다. 전체적인 균형은 깨지고 다리는
간데없이 역삼각형 형태만 남는 결과를 초래할 수 있는 것. 물론 배가 없다면 핏되고
힙선을 반만 덮을 정도 길이의 싱글 브레스티드 스타일의 재킷을 입는 것이 좋다.
그렇다고 해서 배가 나오고 짧은 당신에게 방법이 아예 없는 것이 아니다. 조금 더
현명한 스타일링이 필요할 뿐이다. 싱글 브레스티드 스타일의 재킷을 구입할 경우
가장 중요한 포인트는 단추가 채워지는 것보다 어깨에 맞는 것을 선택해야 한다는
것이다. 그리고 상의로 셔츠를 입을 경우에는 반드시 재킷보다는 넉넉한 사이즈의
조끼나 카디건을 더해 입고 그들의 단추를 재킷 대신 채워주면 된다. 물론 티셔츠를
입는다면 그런 걱정 따윈 하지 않아도 된다. "그래도 이 더블 브레스티드 재킷은
세로로 핀스트라이프(가는 세로줄 무늬) 패턴이 있어서 좀 보완이 되는데!" 점원의
마지막 감언에도 부디 이겨내라. 싱글로 된 핀스트라이프 재킷을 달라고 외치며!

절대 사지 말아야 할 것:
밑단이 점점 넓어지는 청바지

"청바지 하면 활동성이잖아요. 이렇게 엉덩이 라인의 품이 낙낙하고, 다리로 갈수록 오므라드는 핏이 정말 편하면서 어떤 상의에도 매치하기 딱 좋으세요"라며 배기 핏의 청바지를 권하는 점원. 그렇지만 배기 핏의 바지는 손발이 오글거릴 만큼이나 다리를 줄어들게 만들어 '스머프 다리' 같다는 놀림을 자초할 것이 분명하다. 그러면 아마 점원은 이렇게 반격할 것이다. "아, 손님! 부츠컷 스타일의 진을 입으시면 돼요. 허벅지는 잡아주면서 밑으로 갈수록 다리가 길어지는 것 같지 않으세요?" 고개를 갸웃거리는 당신? 침착해야 한다. 부츠컷 진은 그의 말처럼 다리를 길어 보이게 하지만 어디까지나 여성에게 적합한 아이템이다. 당신이 부츠컷 진을 입고 낮은 운동화를 신는다면 영락없는 1970년대 히피족처럼 보일 것이다. 다시 말해, 결코 세련된 아이템이 아니라는 것이다. 청바지나 치노 팬츠 모두 스트레이트 핏, 이른바 기본 일자 핏이 패션에 가장 좋은 스타일이 될 것이다. 차라리 청바지의 컬러를 생지 소재의 진한 것으로 구입하여 상의와 컬러를 통일하는 스타일링을 통해 신장을 극복하는 것이 훨씬 현명한 방법이다. 치노 팬츠 역시 상의의 셔츠나 티셔츠의 핏을 균형 있게 잘 고려하여 선택한 뒤 바지 안에 넣어 입고 벨트의 컬러로 포인트를 주는 방법이 신장의 약점을 커버하는 데 센스 있는 방법이 될 것이다. 이제 이렇게 말하라. "아, 다 됐고요. 여기 걸려 있는 일자 바지로 주세요."

절대 사지 말아야 할 것:
굽이 낮은 로퍼

생각해보니 1년 365일 내내 까만 구두만 신고 출근했는가! 대학교 졸업 사진 때 신으려고 구입한 구두가 당신의 마지막 구두 쇼핑이었는가! 여자 친구 혹은 동료 여직원이, "그 구두는 손질 안 해요?"라고 물었던 적이 있던가! 그렇다면 이제 당신은 새로운 스타일의 구두를 구입할 시기가 왔다. 이럴 경우에도 똑바로 정신 차려야 한다. 모처럼 나선 캐주얼 구두 쇼핑에 난감함을 표하고 마냥 점원의 말에 의지했다가는 오히려, "어? 전에 신던 구두 굽이 상당히 높았구나!"라는 혹평에 시달릴 수가 있다. 바로 굽이 낮은 로퍼를 선택할 경우에 말이다. 당신이 50대가 넘지 않았다면, 머리가 백발이 아니라면, 키가 더 작아 보이길 원하지 않는다면 로퍼, 그중에서도 블랙은 절대적으로 피하라. 물론 점원은 무엇보다 발이 편하고 활동성이 좋다는 의미로 로퍼를 추천할 것이다. 하지만 블랙 로퍼는 마치 땅에 붙어 있는 듯 당신에게 낮은 키를 선사할 것이다. 기존 구두에 익숙해진 당신 바지의 기장과 폭에도 상당히 생경하게 다가와 바지 통이 로퍼를 잡아먹는 치명적인 연출이 될 수도 있다. 기존의 구두가 앵클로 장식된 구두였다면 끈이 있는 옥스퍼드 스타일이 좋은 선택이다. 블랙 구두만 신었다면 차라리 약간 굽이 있는 브라운 톤의 구두를 신는 것도 좋다. 기존에 신던 대로 적당히 굽이 있는 구두로 구입하고 점원에게는 이렇게 말하라. "로퍼는 여유가 생기면 운전용으로 생각해보죠."

절대 사지 말아야 할 것:
로고가 크게 박힌 벨트

미국의 유명 힙합 가수들은 주렁주렁 그들의 이니셜이 담긴 펜던트 목걸이로 뮤지션으로서의 부와 명예를 과시하고, 베컴이나 안정환처럼 옷 잘 입기로 유명한 축구 선수들도 에르메스나 구찌 같은 하이패션 브랜드나 불가리, 카르티에 같은 고급 주얼리 브랜드에서 나온 로고를 활용한 아이템을 착용한다. 특히 남성에게 이러한 로고가 박힌 아이템 중 큰 인기를 누리는 것이 바로 벨트다. 게다가 크면 클수록, 화려하면 할수록 남성은 선호한다. 이유는 무엇일까? 내 주변 남자들의 의견을 수렴하면, 마치 "왕년의 복서 홍수환의 챔피언 벨트가 주는 쾌감"을 대변하고 있기 때문이란다. 남자는 무언가를 정복하는 로망을 품곤 한다. 그리고 이것은 누가 봐도 두드러질 만큼 크게 이니셜 로고가 박힌 벨트나 목걸이를 착용함으로써 어느 정도 해소될 수 있단다. 어떤가? 당신도 내 이야기와 점원의 계속된 유혹에 넘어가고 있는가? 하지만 우리 평범남들은 정신차려야 한다. 우리에겐 우리 스스로 지켜야 할 '정도'가 있음을 망각하지 말자. 이니셜이 크게 박힌 벨트는 허리 라인의 경계를 크게 두어 당신을 자칫 3등분으로 압축시켜버리는 절대적 악영향을 끼칠 수 있다. 단순한 버클의 벨트로 선택하자. 과도한 이니셜이 박힌 펜던트 역시 가뜩이나 큰 얼굴과 두꺼운 목만 부각시킬 수 있다. 적절한 사이즈로 선택하자. 점원이 복서 출신이 아닌 이상에야 충분히 수긍하며 알맞은 소품을 추천해줄 것이다.

절대 사지 말아야 할 것:
롱 트렌치코트

패션에서도 남자라면, 이란 말은 종종 쓰인다. '남자라면, 최소한 다음 3가지 아이템은 있어야 한다.' '남자라면 이런 액세서리까지는 허용된다' 등등. 그중 남자라면 반드시 지녀야 할 3가지 아이템 중의 하나로 항상 꼽히는 것이 바로 치렁치렁한 긴 트렌치코트다. 이것이 1950~60년대 트렌치코트로 전 세계의 여성을 사로잡던 험프리 보가트의 탓인지 아니면 트렌치코트 자체가 군복에서 나온 의상이므로 남성성을 강화할 수 있다는 의미가 전제된 탓인지는 모르겠다. 어찌됐건 특히 가을이 다가오면 양복 겉에라도 트렌치코트를 걸쳐야만 패션이 완성될 것 같은 왠지 모를 조바심이 난다. 역시 모처럼 큰마음먹고 아우터를 구입하려는 당신에게 이내 다가온 점원이 진짜 추남(秋男)이 되라며 발목까지 오는 트렌치코트를 강제로 입히려 하고 있다. "한 사이즈 정도 넉넉한 것 구입하셔서 재킷 위에 입으시면 한겨울만 아니면 충분히 겨울에도 입을 수 있어요." 점원의 잇따른 속삭임에, 절로 고개를 끄덕일 필요는 없다. 다시 한 번 우리는 '커 보이고 싶다'는 것을 잊지 말자. 당신의 친구가 입었다면 무릎에 올 기장이 당신에게는 종아리를 넘고 있다는 현실을 놓치지 말자. 추남은 가을 남자가 아닌 '추한' 남자의 의미도 겸하고 있다는 사실도 잊지 말자. 그냥 이렇게 점원에게 말하자. "전 롱 트렌치코트보다는 엉덩이를 살짝 덮는 길이가 좋아요. 운치보다 실용주의자니까요. 하하."

절대 사지 말아야 할 것:
터틀넥 니트

흔히 말해 폴라티. 목을 덮는 터틀넥은 상의로 이래저래 고민하고 싶지 않은 남자에게 가장 기본적인 아이템 중 하나다. 따뜻하고, 요즘은 컬러나 프린트도 다양하게 출시되어 멋내기에도 나쁘지 않다. 여기까지는 부정하지 않겠다. 단, 터틀넥은 니트인 까닭에 바지 안에 넣어 입으면 절대 안 되는 아이템이다. 게다가 목까지 자동적으로 가려주니 자칫 너무 튀는 컬러나 두터운 소재의 것으로 선택할 경우 미니 병정처럼 직사각형 모양으로 짧은 키를 부각할 수 있다. 더 쉽게 말해 터틀넥을 입느니 셔츠에 라운드나 V넥 니트를 매치해서 목을 살짝 노출해주는 편이 훨씬 더 키가 커 보일 것이다. 하지만 점원은 이렇게 터틀넥을 구입하도록 권유할 것이다. "여기 캐시미어 소재의 터틀넥도 있는데, 가격이 비싼 만큼 까슬거리는 것도 덜해서 목도 더 편할 텐데." 확실히 캐시미어 소재가 목에 주는 답답함과 부담감을 덜어주는 것은 사실이다. 태어나자마 인큐베이터에 다녀온 내가 본능적으로 터틀넥을 입지 못하는 데도 불구하고 캐시미어 소재는 버티어내는 걸 보면! 이렇게 점원은 세탁법까지 꼼꼼하게 곁들여가며 캐시미어 소재로 한층 더 당신을 유혹하겠지만, 잘 견뎌내길. 그리고 아가일 체크 V넥 니트를 센스 있게 골라보자.

만약 목에 추위를 유난히 느낀다면 패턴이 있거나 눈에 띄는 컬러의 머플러를 구입하여 가볍게 둘러보도록!

절대 사지 말아야 할 것:
복사뼈가 드러나는 9부 바지

이민호나 김남길같이 여자들이 좋아하는 배우들의 스타일은 유난히 신경 쓰이기
마련이다. "손니이이이임, 이민호가 딱 드라마에서 입고 나온 바지! 완전 다 팔리고
딱 손님 사이즈 하나 남았어요. 이렇게 발목까지 오는 9부 팬츠가 유행이잖아요.
이민호처럼 다리도 길어 보이고, 슬림해 보인답니다." 여기에는 큰 모순이 있다.
'이민호처럼 다리도 길어 보이고'가 아니라, '이민호니까 다리도 길어 보이고'가 맞다.
그런데도 혹하고 넘어가려는 당신을 붙잡기 위해 내 경험을 하나 더 끄집어내보겠다.
어릴 적, 〈김혜수 플러스 유〉란 토크쇼에 늘 패널로 나오던 사람이 바로 배우
차승원이다. 그는 이 프로그램에서 항상 발목이 드러나는 9부 팬츠를 맨발에
구두만 신고 입고 나왔다. 그의 스타일은 바로 옷에 흥미 있는 나 같은 남자들에게
이슈가 되었고, 나도 모르는 사이 나 역시 어느샌가 집에 있던 멀쩡한 바지들을 9부
기장의 바지로 수선하게 만들었다. 하지만 아뿔싸! 간과하고 있던 사실이 있었다.
바로 차승원의 키는 187㎝로 무려 나보다 12㎝ 가까이 더 크다는 것이었다! 나는
부랴부랴 굽이 높은 워커를 매치해 보완해보려 했지만 이미 물거품이 된 지 오래.
모두들 9부 바지로 인해 적나라하게 드러나는 나의 프로포션을 보며 비웃곤 했다.
어떤가! 이제 당신은 그만 그 점원에게 굿바이 인사를 하심이! 이민호나 김남길을
추종하는 여친들에게 굿바이 인사를 당하지 않으려면 말이다.

절대 사지 말아야 할 것:
반바지 모양의 박스 스타일 속옷

위대한 작가 중 한 명으로 내 가슴속에도 자리 잡은 오스카 와일드는 "겉모습을 보고 판단하지 않는 이는 얕은 사람일 뿐이다. 세상의 진정한 미스터리들은 숨어 있지 않고 드러나 있다"고 말했다. 남자에게 속옷은 어떤 의미에선 바로 진정한 미스터리 중 하나가 아닐까? 그렇다면 겉옷만큼이나 당신의 체형에 보탬이 되는 속옷을 구입하는 센스가 필요할 것이다. 아무리 나이가 많고, 취향이 보수적인 당신이라도 당신의 속옷을 보여주는 단 한 명의 상대에게만큼은 매력적이고 싶지 않겠는가! 그렇다면 짧은 키인 우리에게 점원이 유혹하는 트렁크, 심지어 허벅지를 다 덮는 긴 기장은 피하는 것이 상책이다. 타이트한 드로즈 스타일이나 차라리 삼각 형태의 언더웨어가 훨씬 더 다리가 길어 보이면서도 세련된 인상을 풍길 수 있다는 것을 잊지 말 것. 이 같은 공식은 수영복에도 그대로 적용된다. 아무리 서핑을 즐기더라도 무릎을 넘는 것보다는 그렇지 않은 기장이 훨씬 다리를 길어 보이게 만든다. 삼각 스타일이 부담스럽다면 타이트한 드로즈 스타일이 적당히 섹시하면서도 바지를 입었을 때의 실루엣도 잡아주는 역할을 할 것이다. 아저씨보다는 오빠의 모습으로 어필해야 하지 않겠는가? "너무 야하지 않겠어요?" 점원이나 주변의 친구들이 당신의 속옷 선택에 불만을 갖고 말한다면 이렇게 꾸짖어라. "그런 상상을 하는 당신이 더 야해요!"

절대 사지 말아야 할 것:
헐렁한 긴팔 티셔츠

편하게 입으려고 티셔츠 매장을 방문했다면 무엇보다 핏에 신경 써야 한다. 특히 당신의 뱃살과 정돈되지 않은 체형에 점원은 이런 멘트를 날릴 것이다. "손님은 조금 넉넉하게 입으시는 게 좋겠어요. 아니면 박시한 티셔츠를 구입하는 것이 훨씬 움직이기에 좋을 것 같아요." 그렇지만 그만큼, 당신이 힙합에 미치지 않고서야 딱 그만큼 당신의 신장은 압축되어 보일 것이다. 특히 박시한 긴팔 티셔츠를 구입한다면 비만한 상의만 더욱 부각시켜 초라한 하체를 모두에게 드러내는 악몽 같은 현실에 마주하고 말 것이다. 만약 입길 원한다면 티셔츠와 바지 모두 어두운 컬러로 선택하자. 한 톤으로 통일감을 줘 키가 커 보일 수도 있게 만든다. 이때 프린트가 목선 가까이 있는 것으로 선택할 것. 중앙에 분포된 큰 프린트의 의상은 복부의 비만도 더욱 드러나게 하고, 신장의 약점도 제대로 커버해주지 않는다. 목선 가까이 프린트가 있을수록 시선이 분산되어 키도 커 보이고 슬림하게 연출할 수 있다. 마지막으로 무엇보다 가장 중요한 것은 티셔츠 역시 입어보고 구입할 것! 간혹 티셔츠를 보호 차원에서 입어보지 못하게 하는 매장이 있는데, 처음 가는 곳이라면 사이즈 스펙이 브랜드마다 전부 다르므로 잘못 구입하게 되는 경우가 종종 발생한다. 교환이 되더라도 추후에는 귀찮아지기 마련. 아무리 핏되는 슈트를 매번 입더라도, 한번 잘못 입은 티셔츠 한 장이 당신의 인상을 모두 망가뜨릴 수도 있다는 사실을 명심하자.

STEP 7

키와 스타일을 키우는 TPO별 옷입기 원칙

제아무리 값비싼 명품을 온몸에 휘둘렀다고
한들, 그리고 암만 지금까지 이야기한
키 커 보이게 하는 룩을 입었단 한들,
TPO에 맞지 않으면 아무 소용이 없다.
TPO, 즉 시간(time), 장소(place),
상황(occasion)에 따라 지켜야 할 스타일링
센스가 있다. 해야 할 것과 하지 말아야
할 스타일 팁을 반드시 숙지하여 어떤
장소에서도 빛나는 센스 있는 남자로
거듭나길.

STEP 7 / 01

면접

면접관이 면접자의
인상과 이력만큼이나
신경 쓰는 것이 바로
옷차림. 업종에 따라
다소의 차이는 있겠지만
다음 리스트를
참고한다면 경력에
신뢰감을 더해주는
센스남으로 부각될 것!

To do List

1 전문직종이라면 뿔테 안경:
이왕이면 안경알이 있으면 좋겠다. 디자인 계통이라면
개성을 드러내기에도 좋다. 키는 작은데 얼굴이
큰 사람이라면 더욱 추천한다. 머릿결이 가늘어서
헤어스타일이 쉽게 망가지는 사람도 뿔테 안경은
도움이 될 것이다.

2 슈트는 블랙보다는 회색이나 네이비 컬러:
회색이나 남색 슈트는 확실히 신뢰감과 세련됨을
준다. 블랙 컬러는 무거운 인상에 키를 작아 보이게
하고, 지나치게 경직돼 보이게 해서 보수적인 사람으로
비칠 수 있다.

3 얇은 스트라이프 패턴의 하늘색 셔츠:
셔츠와 타이는 둘 중 한 군데에 패턴을 줄 필요가 있다.
하늘색 셔츠에 얇은 스트라이프 패턴이 그려져 있다면
신뢰감과 젊은 에너지, 그리고 장신 효과를 두루 낼 수
있다. 타이는 단색으로!

4 그린 컬러의 레지멘털 스트라이프 넥타이:
타이에 좋은 패턴은 단연 사선인 레지멘털
스트라이프다. 키도 커 보이면서 지적으로
보이게 한다. 보수적인 회사라면 감색,
디자인 계통이라면 그린이나 오렌지, 회계나
금융 등 신뢰도가 필요하다면 브라운 컬러의
선이 들어가 있는 것이 좋다.

5 정돈된 갈색 톤의 옥스퍼드 구두:
블랙 슈트를 선택하지 않았으므로 당연히
구두의 컬러도 블랙보다는 네이비나 그레이
모두 잘 어울리는 옥스퍼드 스타일이 좋다.
끈을 매는 구두가 키도 커 보이고 안정감을
준다. 청결은 필수다.

Stop, Please

1 화이트 구두:

면접에서 키를 커 보이게 한다는 이유로 화이트 구두를 신는 우를 절대 범하지 말라. 졸부집 막내아들 같은 모습으로 어필해야 할 이유는 없을 테니까!

2 원버튼 혹은 스리버튼 재킷:

고로 투버튼이 가장 좋다는 생각! 원버튼의 재킷은 다소 가벼워 보일 수 있으며 스리버튼 이상의 재킷은 고루한 느낌과 펑퍼짐한 핏으로 멋도 사라지게 만든다.

3 하의와 다른 컬러의 양말:

양말은 무조건 바지의 컬러와 맞춰라. 이 말은 고로 신발과도 맞춰야 한다는 것! 양말로 튈 생각은 산타클로스에게나 전수할 것.

4 빅 토트백:

이사를 가는 것이 아닌데도 당당히 빅 토트백을 들고 와서 옆자리에 두는 당신. 면접관에게 쫓기는 인상을 줄 수 있다. 가방은 집에 두고 오자. 그렇다고 해서 물론 주머니에 담뱃갑 및 지갑을 비롯한 각종 소품을 넣어 불룩하게 보이는 것도 좋지 못하다. 특히 재킷 안쪽의 주머니는 전체적인 라인을 망치므로 절대 아무것도 넣어서는 안 된다. 휴대폰과 지갑은 바지 뒤쪽에 넣어 앉을 때 좀 불편해도 참고 있는 것이 좋다. 가방이 정말 필요하다면 차라리 무채색의 백팩을 메고 와서 신입 사원의 이미지를 풍기는 것이 신선하다.

5 구겨진 실키한 소재의 슈트:

특히 동해에서 갓 잡은 듯한 은갈치 같은 실버 컬러의 실크 소재 슈트는 절대 금물! 굉장히 고리타분하고 평범한 사람으로 비칠 수 있다. 실크 소재의 슈트는 조금만 움직여도 주름이 심하므로 애당초 면접 리스트에서 제외하자. 톡톡한 면이나 울 소재로 입자.

데이트

스타킹 색이 왜 그런지, 치마 길이가 왜 이렇게 짧은지, 아직도 여자 친구 옷을 가지고 지적하는 남자가 있을까? 설마 당신은 아니겠지? 거울도 안 보고 나온 남자 취급을 받지 않으려면 일단 다음 10가지를 체크하라.

To do List

1 가벼운 데님 블루종:

아주 추운 여름이나 아주 더운 겨울을 제외하곤 데이트에 나갈 때 블루종을 입는 것이 작은 키도 커버하면서 여성에게 감각적인 남자로 어필할 수 있는 계기가 된다. 특히 데님 소재라면 더욱 다른 아이템과 매치하기 용이할 듯.

2 파스텔 톤 컬러:

특히 하의보다는 상의의 컬러에 파스텔 톤을 매치하는 것이 데이트에 임하는 남자가 지켜야 할 최소한의 도리다. 만약 슈트를 입는 직장인이라도 셔츠를 핑크나 하늘색으로 연출하여 부드러운 이미지로 어필하자.

3 스포츠 브랜드의 운동화:

당신을 데리고 어디든 자유롭게 갈 수 있다는 느낌을 주는 운동화를 신자. 운전을 하는 것과는 큰 관련이 없다. 특히 스포츠 브랜드에서 출시하는 운동화에는 에어 같은 것이 부착되어 다리도 길어 보일 수 있다.

4 백팩:

가방을 들어야 한다면 당연히 백팩이다. 절대 빅 토트백을 들지 말 것. 토트백을 들 경우 여성과 걸을 때 부딪힐 뿐 아니라 키도 작아 보인다. 슈트라도 백팩을 메어 활동적인 이미지로 어필할 것.

5 노타이:

출근한 날이라도 타이를 풀고 가는 것은 어떨까. 단추를 하나 정도만 푼 후 좀 더 여유로운 모습을 어필해보자. 그런 뒤 술자리에서는 하나쯤 더 슬며시 풀어주는 것도 좋은 연출.

Stop, Please

1 낮은 굽의 정장 구두:

데이트가 있는 날에는 당신의 키를 감안해서 낮은 굽의 로퍼는 피하는 것이 좋다. 괜스레 땅에 붙어 보이는 오해를 살 수도 있다. 굽 있는 구두 아니면 차라리 스포츠 브랜드에서 나오는 운동화를 신어라.

2 타이트한 스키니 바지:

여자들이 타이트한 스키니 바지를 용서하는 경우는 TV에 등장하는 10대 아이돌까지만이라고 한다. 아이돌의 비주얼과 닮지 않았거나, 고도 비만이거나, 30세가 넘었다면 스키니 바지는 첫 데이트에서 제발 피하라.

3 9부 바지:

이민호가 아닌데, 자꾸 발목이 보이는 9부 바지를 입고 스포츠 발목 양말을 신으려는 당신. 데이트에 이렇게 입고 나가면 커피숍에 앉아 있을 때나 일어섰을 때나 다리가 더욱 짧아 보인다. 결론적으로 상대의 호감을 사는 데 실패할 확률이 높다.

4 빅 버클의 벨트:

제발 당신의 부를 빅 버클의 벨트로 표현하려 들지 말 것. 키도 작아 보이고, 졸부로 보여 요즘 여성들이 좋아하는 스타일이 아니다. 신뢰감 있는 사각 프레임의 스틸 시계 하나면 충분하다.

5 올 블랙 컬러:

상중이 아니라면, 다단계 판매직에 일하는 게 아니라면, 지나치게 시크하려고 들다가 극장 속 어둠과 함께 사라질 수 있다.

6 BB 크림:

자외선도 차단되고 얼굴의 커버를 위해서 발랐다고? 데이트는 밤까지 이어진다. 티나면 망가진다.

STEP 7/03

결혼식 하객

친척이나 친구,
지인 등의 결혼식에
참석할 경우, 당신은
어떤 옷차림을 즐겨
입는가? 예도 갖추고,
단신도 커버하며 상대의
결혼사진에서도 빛날 수
있는 길이 있다.
축의금보다 더 깐깐하게
신경 써야 할 다음
리스트를 기억할 것

To do List

1 블랙이 아닌 컬러의 슈트:
결혼식과 상갓집은 구별되어야 한다. 블랙보다는
그레이나 네이비, 브라운 컬러의 슈트가 훨씬 더 밝고
멋지며, 키도 커 보일 수 있다.

2 무채색의 라운드 넥 티셔츠:
꼭 안에 셔츠를 입으라는 법은 없다. 봄, 여름, 가을의
경우에는 가볍게 라운드 네크라인의 티셔츠에
카디건이나 베스트를 매치하는 것도 센스 있는 방법.

3 콤비네이션 재킷+진한 색 생지 데님 바지:
슈트를 입지 않으려면 콤비네이션 재킷과
클래식하면서도 다리가 길어 보이는 생지 데님
바지를 매치해보자. 이때 재킷 안의 셔츠는 바지 안에
집어넣어 입어야 더욱 멋스럽다.

4 타이 대신 행커치프:
결혼식에는 굳이 넥타이를 매는 것보다 가볍게 셔츠의
단추를 하나 푼 뒤 행커치프로 포인트를 주는 것도
좋다. 간단한 정장 재킷 주머니에
살짝 꽂는 것만으로도 격식을
차린 느낌을 준다. 행커치프는
너무 요란하지 않게 꽂고, 컬러는
밝을수록 좋다.

5 하프 코트:
겨울철 결혼식에 초대받아서 갈
때는 롱 코트는 삼가도록 하자.
작은 키 탓에 결혼사진 촬영 시
앞에 서는 경우가 많은데 하프
코트를 입고 찍는 게 신체 비율이
한결 훌륭하게 나올 것이다.

Stop, Please NO!

1 갈치색 정장:

갈치를 연상시키는 뻔들거리고 구김도 가기 쉬운 실크 소재의 은빛 슈트는 결혼식이 아니더라도 웬만해서는 입지 않는 것이 좋다. 게다가 핏까지 벙벙하다면 옷을 입은 게 아니라 그 갈치가 당신을 입은 느낌을 들게 만들 수도.

2 광택 있는 턱시도 재킷+보타이:

신랑보다 화려한 것은 예의가 아니다. 너무 실키한 라펠이 부착된 턱시도 스타일의 재킷이나 조금 요란한 컬러의 보타이는 개성을 표현하기보다는 조금 경망스러워 보일 수 있다.

3 빅 토트백:

결혼식 혹은 교회에 갈 때도 마찬가지다. 아무리 서류가 많더라도 빅 토트백은 금물이다. 주위에 둘 곳도 마땅치 않고, 전체적인 룩도 깨져 보일 수 있다. 앞에서도 언급했듯이 가방이 필요하다면 슈트라도 백팩을 메라.

4 앞코가 뾰족한 구두:

조금 더 세련되고 부드러운 느낌을 주어 신부 쪽 친구들에게 어필하고자 한다면, 아니 최소한 스타일 꽝으로 낙인찍히고 싶지 않다면, 앞코가 뾰족한 구두는 신발장에 두고 나올 것.

5 과도한 액세서리:

결혼식장은 자랑하러 나오는 곳이 아니다. 금, 은 목걸이에 각종 체인, 팔찌에 빅 버클의 벨트와 구두까지. 액세서리는 줄이고 심플하지만 고급스럽게 매치하는 것이 진짜다. 액세서리는 차라리 다 빼고 참석하는 것이 어떨까?

STEP 7/04

휴양지

모처럼 맞은 휴가나 신혼여행차 휴양지로 떠나는 당신. 과연 어떠한 의상을 가져가야 바다라는 특별한 환경과 더운 날씨에도 신체의 단점을 커버하고 해양 스포츠를 즐길 만한 멋진 남자로 비칠 수 있을까?

To do List

1 패딩 베스트:

마치 근육질의 해상 구조대들이 입는 빨간 베스트를 연상하게 하는 패딩 베스트는 몸매에 자신 있다면 맨몸에 입어 남성성을 어필하는 것이 좋다. 길이가 짧기 때문에 물론 다리도 길어 보인다.

2 무릎 위로 오는 반바지 스타일의 수영복:

수영복은 앞에서 수차례 언급한 대로 무릎 위로 올라오는 반바지 스타일로 선택할 것. 레이어드해서 입고자 한다면 안에 삼각 수영복을 입어 패턴이나 컬러의 변화를 주는 것도 좋다.

3 캡 모자:

모자는 자외선 차단을 비롯해 키도 커 보이게 만들므로 반드시 준비하는 것이 좋다. 만약 없다면 휴양지에 파는 챙이 큰 밀짚모자가 그 역할을 대신할 것이다.

4 그러데이션 처리가 안 된 보잉 형태의 선글라스:

선글라스는 얼굴형에 따라 많이 달라진다. 하지만 작은 키에는 기본적으로 테가 너무 두껍지 않은 역삼각형 프레임의 보잉 선글라스가 좋으며 블랙이든 그레이든 브라운이든 한 가지 컬러로 된 렌즈를 구입하는 것이 좋다. 그러데이션 처리된 선글라스는 나이 들어 보인다.

5 민소매 톱이나 셔츠:

민소매는 시원하게 팔이 드러나 전체적으로 길고 슬림해 보일 수 있다. 없다면, 긴팔 셔츠 중 철과 유행이 지났다고 생각되는 것이 있다면 소매를 잘라보자. 트렌디한 새 옷 같은 느낌을 줄지도 모른다.

Stop, Please ^{NO!}

1 스키니한 가죽 바지:

휴양지에서는 가죽으로 된 소재와 스키니한 핏은
최대한 절제하는 것이 멋스럽다. 물론 대부호라면
가죽 바이커를 입고 할리 데이비슨을 타며 해변을 누빌
수도 있겠지만!

2 롱 카디건:

저녁에 쌀쌀할 것을 대비하여 치렁치렁한 긴 카디건을
준비하는 경우가 많은데 우리 같은 보통 키에게 좋은
선택은 아니다. 그냥 긴팔 셔츠를 준비해서 입는 것이
훨씬 더 안전하고 댄디해 보일 듯.

3 마 소재의 통 넓은 와이드 바지:

스키니한 것도 좋지 않지만 통이 너무 넓은 마 소재
베이지 와이드 바지도 통과 매치하면 난쟁이로 보이게
할 수 있다. 그냥 무릎 선 정도로 오는 반바지를 많이
준비하는 것이 어떨까? 중요한 저녁 약속을 대비해
긴 바지는 스트레이트 핏의 면바지로 준비하는 것이
좋다.

4 블랙 재킷:

물론 레스토랑이나 바에 들어가려면 재킷이
필요할지도 모른다. 하지만 블랙 컬러는 조금 무거워
보인다. 화이트나 베이지, 하늘색의 재킷이라면 좋을
듯. 만약 그런 것이 여의치 않다면 화이트 드레스 셔츠
한 장만 준비해서 팔을 걷어 입어도 좋다.

5 트레이닝 바지:

휴양지에서 아디다스나 나이키 등 스포츠 브랜드의
트레이닝 바지를 입고 다니는 것은 썩 어른스러워
보이는 행동은 아니다. 패턴이 있는 반바지를 입는
것이 훨씬 활동적이고 해변과도 잘 어울릴 것!

비즈니스 출장

국내외의 도시에 일로
출장을 가는 당신.
트렁크 속에 꼭
넣어두어야 할 아이템과
빼두어야 할 아이템
리스트 업

To do List

1 투버튼의 회색 슈트:

단신도 커버하고 신뢰 있는 모습을 연출하여
비즈니스에서 확실한 인상을 심어주려면 회색 슈트
한 벌을 준비하는 것도 좋겠다. 물론 가장 중요한
자리에는 블랙이나 네이비 컬러를 입어야겠지만
디너라든지 다소 여유로운 미팅에서는 회색이 주는
파괴력이 만만치 않을 것!

2 스트라이프 셔츠:

민무늬 셔츠는 기본으로 챙기겠지만 스트라이프
셔츠를 한두 장 정도 준비해보자. 좀 더
자연스러우면서도 감각적인 사람으로 비칠 수 있다.

3 V넥 니트+생지 데님 바지:

비즈니스 출장 중 갖게 되는 브런치나 가벼운 현장
방문 행사 등에는 생지 데님 바지에 V넥 니트를
매치해보자. 조금 더 클래식해야 한다면 재킷을 살짝
걸치는 것도 좋다.

4 레지멘털 스트라이프 넥타이와
보타이:

일단 넥타이는 레지멘털 스트라이프를
챙겨가는 것이 신체적 결함도
극복하고 강인한 모습을 선보이는
데 가장 안정적이다. 디너를 위해
가볍게 와인빛 보타이를 준비하여
센스를 발휘해보는 것도 좋을 듯.

5 술 장식 달린 갈색 구두:

기본적인 정장 구두 말고, 데님이나
면바지에 매치할 브라운 컬러의 태슬(술)
장식이 달린 구두 역시 지적이면서도 멋진
남자로 각인시켜줄 좋은 아이템이다.

Stop, Please

1 비비드 컬러의 셔츠:
블루, 그린, 옐로, 핑크 등 너무 진한 컬러의 셔츠는
다소 경박해 보이므로 삼가는 것이 좋다.

2 발목까지 오는 양말:
일명 스포츠 양말. 스포츠 양말은 스포츠할 때나
신자. 양말의 길이는 무조건 발목을 넘을 것. 비즈니스
출장에서 발목까지 오는 양말은 그 무게와 관계없이
짐이다.

3 화이트 구두:
화이트 구두는 매치도 어려울 뿐 아니라 오염도 쉽게
되므로 굳이 비행기에 태울 필요가 없는 아이템이다.
구두에 맞춰 수많은 아이템이 필요해질 것이다.
출장은 멋내러 가는 것이 아니지 않는가.

4 가죽 밴드 시계:
더운 곳으로, 또 긴 비행이 필요한 출장인가? 그렇다면
더더욱 가죽 밴드의 시계는 클래식한 매력은 있지만
땀이 차서 오염되기 쉬운 만큼 삼가는 것이 좋다.
클래식한 디자인인 직사각형 프레임의 스틸 시계가
가장 좋은 선택일 듯.

5 그러데이션 선글라스:
혹시 몰라 다시 언급하지만 비즈니스 출장 시에도
그러데이션 처리된 선글라스는 가져가지 말도록.
너무 가벼운 이미지로 어필되어 자외선 차단이 아니라
신뢰도가 차단되어 보인다.

STEP 7/06

공항

국내외 어디를 막론하고 공항에 가는 것은 그야말로 들뜬 기분이다. 하지만 짐을 싸는 것에 급급해 때로는 공항에 가는 스타일을 망쳐버리는 경우가 종종 있다. 비행 시간과 도착지의 기후 등을 고려한 뒤 다음과 같은 체크리스트를 명심하도록!

To do List

1 바람막이(윈드브레이커) 점퍼:

도착지가 너무 춥지만 않다면 가볍고 마구 구겨져도 상관없는 바람막이 점퍼를 걸치고 가는 것이 좋다. 비행기에서의 냉온도 커버해주고 활동적인 이미지도 선사한다.

2 가장 가벼운 신발:

신발은 무게가 중요하다. 기내에서 벗고 있다고 해도, 내려서 숙소까지 한참을 다른 교통수단을 이용해서 가는 것이 대부분이므로 일단 가장 가벼운 신발을 신고 공항에 가는 것이 좋다.

3 백팩:

물론 트렁크가 있겠지만 가벼운 소품을 넣을 수 있는 백팩을 메는 것이 센스 있어 보인다. 빈손으로 타거나 큰 가죽 토트백을 드는 것보다는 1천 배 더욱더!

4 후드 티셔츠:

모자가 달린 티셔츠는 입었을 때 키도 커 보일 뿐 아니라 긴 비행 후 내려서 모자 대용으로 헝클어진 헤어스타일을 커버해주는 역할까지 겸한다. 후드 티셔츠를 입지 않았다면 캡 모자를 준비하자.

5 회색 트레이닝 팬츠:

이른바 회추(회색 추리닝)라고 불리는 트레이닝팬츠가 적합하다. 그냥 편하게 입지만 그레이 컬러는 다리도 길어 보이게 하므로 사실 가장 현명하고도 편한 아이템이라 하겠다. 아무리 더운 여름이라도 반바지는 비행기 내부에서 추울 수 있으므로 피하는 것이 좋다.

Stop, Please NO!

1 지나친 액세서리:

공항 검색대도 통과해야 하는데, 공항에서 과도한 액세서리로 너무 심하게 멋을 내는 것은 꼴불견에 가깝다. 아무리 록(rock)을 사랑하더라도 적당히, 현지에서부터 시작하도록!

2 슈트:

국내나 일본이 아니라면 슈트는 입지 말자. 내렸을 때 구김도 그렇고, 기내에서 활동하기도 많이 불편하다. 만약 정 포멀한 차림을 원한다면 한 벌짜리가 아닌, 콤비네이션 재킷과 다른 컬러의 바지를 매치하여 좀 더 캐주얼하게 보이는 것이 현명하다.

3 민소매 톱:

옆자리에 탄 누구도 민망한 민소매 톱은 남녀노소 누구를 막론하고 공항에서는 피해야 할 아이템. 위에 입을 셔츠를 준비했다면 상관없겠지만!

4 패딩 점퍼:

너무 두터운 패딩 점퍼도 서로 민폐가 되는 아이템으로, 좋은 선택은 아니다. 소매가 없는 패딩 베스트에 후드 티셔츠를 연출하자.

5 얇은 양말:

아무리 더운 곳을 향한다 해도 기내에서는 발이 시릴 수가 있다. 발이 훤히 비치는 나일론 소재의 얇은 양말이 아닌 톡톡한 면 소재의 양말을 신는 것이 센스 있는 선택!

6 콘택트렌즈:

외모도 중요하지만 기내의 공기와 오랜 시간의 비행은 눈을 충혈하게 만들 수 있다. 쿨하게 뿔테 안경을 매치하여 여유 있는 모습을 보여주자.

STEP 7 / 07

스포츠 경기장

야구, 축구, 농구, 배구, 테니스. 남자들은 운동하는 것만큼이나 즐기는 것을 좋아한다. 여자 친구를 이끌고 주말에 모처럼 나온 스포츠 경기장에서 스타일로 점수를 깎여서는 안 되지 않겠는가! 무엇을 취하고, 무엇을 버릴지 다음 리스트를 참고하자.

To do List

1 컬러풀한 스포츠 워치:

스포츠 경기를 구경 온 남자 친구가 가죽 시계를 차고 있다면? 캐주얼한 플라스틱 느낌의 스포츠 워치를 착용하는 것이 훨씬 더 현명할 것.

2 응원하는 팀의 로고가 담긴 패션 아이템:

당연한 이야기겠지만 응원하는 팀과 관련된 티셔츠나 모자, 바지나 소품 등을 착용하고 왔다면 응원에도 한결 흥이 나고, 전문적으로 보일 것.

3 피케 셔츠:

정 입을 게 마땅하지 않다면 칼라가 있는 피케 셔츠가 그야말로 센스 있는 선택일 것. 컬러 역시 좀 더 과감하게 선택하여 젊고 경쾌하게 연출하는 것이 좋다. 단, 칼라는 세우지 말 것.

4 캡 모자:

얼굴 라인도 잡아주고 키도 커 보이게 하는 캡 모자는 스포츠 경기장에서 가장 빛날 아이템 중 하나.

5 블루종:

코트를 입고 농구장에 가는 것보다 코듀로이나 면 소재의 블루종을 입고 경기장에 나선 모습이 훨씬 더 자연스럽지 않겠는가!

6 자외선 차단제:

테니스나 골프, 축구처럼 야외에서 관람하는 스포츠 경기라면 자외선 차단제를 챙겨보자. 당신보다 옆에 앉은 그녀가 기뻐할 것이다.

Stop, Please NO!

1 통이 넓은 반바지:

반바지는 편해서 좋지만 통이 넓거나 길이가 무릎보다 길면 다리도 짧아 보이고 성의 없다는 인상도 줄 수 있다. 아무리 스포츠 경기장이지만 적절하게 꾸며서 입는 노력은 보여줄 것.

2 셔츠+베스트:

혹시 구단주인가? 아니, 구단주라고 할지라도 스포츠 경기장에는 캐주얼한 차림으로 간다. 스포츠 경기장에서 셔츠를 입거나 베스트를 더해 지나치게 포멀하게 입고 가는 것은 그야말로 적절치 못한 행위다. 티셔츠로 여유를 즐기자.

3 어두운 컬러:

밝은 인상에 어울리는 밝고 열정적인 컬러로 분위기를 업하자! 컬러는 기본이다!

4 스키니한 의상:

너무 타이트한, 이른바 쫄티나 쫄바지는 그야말로 스포츠 경기가 아닌 경마를 보는 어둠의 아저씨를 연상하게 만든다. 여유 있는 핏으로 활동적인 남성임을 어필하라.

5 니트 터틀넥:

옆에 있는 사람조차 갑갑하게 만든다. 겨울철 실내 스포츠 경기장의 난방 시설을 의심하지 마라.

6 빅 백:

제발, 아무리 넣을 것이 많거나 집에 들를 시간이 없더라도 큰 가방을 들고 응원하러 오지 말자. 같이 간 사람들이 피곤하다.

STEP 7/08

클럽

진정한 스타일의 고수는 클럽처럼 어두운 데서도 빛이 나는 법이다! 춤사위는 살려주고 작은 키는 커버할 수 있는, 클럽에서 맵시 살리는 방법

To do List

1 원 포인트 프린트 아이템:

별이나 사람 얼굴, 혹은 뭐 다양한 오브제 등 하나의 포인트가 프린트된 티셔츠나 모자 등을 착용하면 자신의 개성도 확실히 드러나면서 클럽에서도 존재감이 확연해진다. 목선 쪽으로 프린트가 새겨 있을수록 다리가 길어 보인다.

2 스트레이트 핏의 바지:

배기한 핏은 다소 헐렁해 보여 다리가 짧아 보일 수 있고, 스키니한 핏은 춤을 아주 잘 추지 않는 이상 몸의 라인이 그대로 드러나 서로 민망한 상황이 연출될 수도 있다. 적절한 스트레이트 핏의 바지로 여유롭게 하체의 라인을 살리자.

3 비비드 컬러의 모자나 안경테:

평범하지 않은, 조금은 과감한 액세서리를 모자나 안경테로 연출하는 것도 자신의 개성을 드러내고 시선을 얼굴로 집중시키는 좋은 효과를 줄 수 있다.

4 반팔 티셔츠:

겨울이라도 클럽 안은 후끈거리기 마련. 긴팔도 나쁘지 않지만 클러빙을 즐기기로 정했다면, 니트나 카디건 안에 반팔 티셔츠를 미리 입고 오는 센스를 발휘하는 것도 좋다.

5 화이트 바지나 운동화:

야광 아이템과 마찬가지로 어두운 데서도 빛나게 한다. 더불어 약간 공중에 뜬 느낌도 주어 하체도 길어 보인다.

Stop, Please NO!

1 재킷:

본인은 재킷이 춤을 추기에 편하더라도 타인이 보기엔 다소 불편해 보인다. 재킷을 입었더라도 벗는 것이 예의며, 점퍼나 블루종처럼 캐주얼한 아우터를 입는 게 현명하다. 같은 의미에서 롱 코트는 금물이며, 엉덩이 기장의 피코트 정도가 적절한 선택일 듯.

2 지나친 액세서리:

춤을 추면서 자신의 얼굴과 신체뿐 아니라 타인도 가격할 수 있다. 적당히, 그리고 길이가 너무 길지 않은 것으로 연출하는 게 좋다.

3 빅 사이즈 티셔츠:

아무리 힙합을 좋아하더라도, 키가 작은 남자에게 지나치게 큰 사이즈의 티셔츠는 키를 더욱 작아 보이게 만들기 쉬우므로 위험한 아이템이다. 만약 이 자체로 멋을 내고자 한다면 티셔츠를 반드시 바지 안에 집어넣어 입어라.

4 반바지:

입장이 가능한 클럽이라 하더라도, 다리 색이 그대로 노출되는 것은 그리 좋은 선택이 아니다. 특히 편한 친구들이 아닌 격식을 갖춘 사람들과의 클러빙이라면 긴 바지를 입자.

5 어두운 컬러의 의상:

고요 속으로 파묻히게 되는 클럽에서 어두운 컬러의 의상은 당신의 존재감을 사라지게 만든다. 그래도 어두운 컬러의 의상을 즐기는 사람이라면 실버나 골드 등 메탈릭한 느낌의 프린트나 액세서리로 광채를 내라.

6 고급 라이터:

클럽에서 비싼 라이터를 들고 오는 것은 분실 위험이 클 뿐 아니라 저급해 보인다.

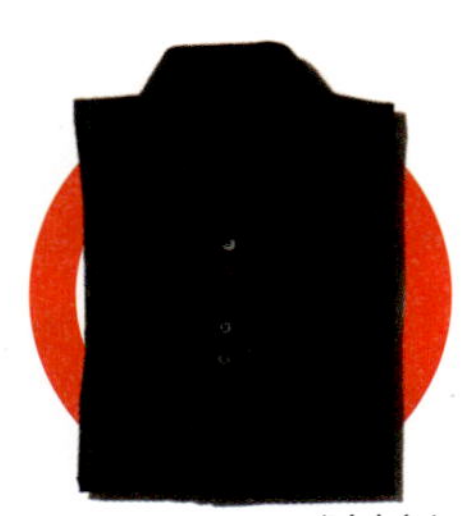

디너파티

와인과 샴페인, 그리고 클래식한 음악이 함께하는 레스토랑이나 바에서 이뤄지는 디너파티에 초대받았다면? 즐길 줄 아는 느낌 있는 남자로 거듭나도록 다음 리스트가 도움을 줄 것이다.

To do List

1 와인색 벨벳 재킷:

디너파티와 가장 잘 어울리는 컬러는 와인색, 그리고 가장 잘 어울리는 소재는 벨벳이다. 와인색 벨벳 재킷은 그 어떤 청바지와도 잘 어울리므로 안에 가볍게 U넥 티셔츠를 입고, 재킷을 걸쳐보자. 원버튼이면 슬림해 보이면서도 다리가 길어 보인다.

2 스키니한 벨트:

블랙의 기본 슈트 바지든 청바지든 얇은 폭의 벨트로 포인트를 주는 것이 시크하면서도 하체가 길어 보일 수 있다.

3 페이턴트 소재의 구두:

반짝거리는 광택 있는 구두를 매치할 줄 안다면 그 외는 모두 올 블랙의 슈트를 입어도 좋다.

4 베스트:

재킷이 조금 더운 계절이라면 가볍게 베스트를 매치하여 포멀함을 표현할 수도 있다. 물론 티셔츠보다는 긴팔 셔츠가 더 적절한 선택이라 하겠다.

5 멜빵(서스펜더):

재킷을 벗었을 때 뻔한 벨트가 아닌 멜빵을 멘 남성이 보인다면? 상대에게 유머러스하면서도 운치 있는 인상을 심어줄 수 있다. 이 효과는 보타이보다 멜빵이 더하다. 또한 다리 라인이 길어 보이는 데도 유리하다.

Stop, Please

1 반팔 티셔츠:

원빈이나 장동건 같은 조각 외모를 지녔다 해도 반팔
티셔츠만 달랑 입고 참석하는 것은 예의가 아니다.
최소한 긴팔 셔츠를 입고 소매를 걷어주는 기본은
터득하자.

2 낮은 스니커즈:

이런 디너파티에 슈트를 입고 컨버스나 반스 등 낮은
스니커즈를 매치하는 것은 조금 지난 트렌드다.
게다가 우리 같은 단신남은 키도 작아 보이므로
차라리 포멀한 옥스퍼드화를 매치하자.

3 반바지:

디너파티에 반바지를 입는 것은 아무리 그 반바지가
포멀한 디자이너 브랜드라고 하더라도 예의가 아니다.
최소한의 격식은 갖추자.

4 데님 블루종:

블루종이 아무리 하체를 길어 보이게 하는 데 좋다고
해도, 이러한 디너파티에는 블루종보다는 재킷,
그리고 하프 코트가 제격이다.

5 넥타이+스카프+행커치프:

그렇다고 해서, 넥타이에 행커치프, 그리고
스카프까지 두르는 오버 스타일링은 금물! 넥타이나
스카프, 행커치프 중 단 한 가지만 활용하는 것이 가장
좋다.

6 찢어진 청바지:

멋이라고? 디너파티에서는 앉아 있는 순간도 있기
마련이다. 무릎과 다리털을 드러내지 말 것.

STEP 7/10

피크닉

봄과 가을, 가장 날씨가 좋을 때 가게 되는 야외의 피크닉. 놀이동산이나 동물원, 혹은 주변의 유원지에서 당신의 센스를 돋보이게 하는 팁의 베스트&워스트를 모았다.

To do List

1 스카프:

재킷이나 블루종 안에 가볍게 둘러준다면 청량한 하늘 아래 누구보다도 돋보이는 아이템이 될 것이다. 스카프에 처음 도전한다면 굳이 밝은 파스텔 톤 컬러가 아닌 무늬가 있는 네이비나 그레이 등 단색으로 먼저 시작하는 것이 좋다.

2 체크무늬 셔츠:

그린이나 블루 등 비비드한 컬러면 더욱 좋다. 과감히 옐로나 핑크도 좋다. 체크무늬 셔츠는 사람을 부드러우면서도 경쾌해 보이게 한다. 바지 안에 집어넣어 전체적인 몸의 비율도 좋게 연출할 것.

3 후드 집업 카디건:

모자가 달린 집업 카디건은 놀이 동산 야간 개장 등을 이용할 경우 쌀쌀해질 때 입기에 적절한 아이템이다. 만약 여자 친구와의 데이트라면 그녀에게 살짝 걸쳐주어 점수를 따는 데도 용이하다.

4 하이톱 운동화:

활동적이면서 젊고 캐주얼한 느낌도 줄 수 있다. 단지 바지의 핏이 너무 벙벙하면 다리가 짧아 보일 수 있으니 스트레이트 핏의 바지에 밝은 컬러의 하이톱 운동화를 매치하자.

5 손수건:

야외 피크닉에서 손수건을 바지 뒷주머니에 꽂고 다니는 남자야말로, 특히 데이트할 경우에 최고의 센스남으로 등극할 수 있다. 벤치에 앉을 때 살포시 깔아줄 것.

Stop, Please

1 화이트 바지:

흰 바지를 볕이 좋은 야외에서 입으면 언더웨어가 그대로 노출되기도 쉽고, 특히 아무 데나 앉기에 불편하여 보는 것만으로도 민폐를 끼치는 아이템이다.

2 알 없는 뿔테 안경:

야외 피크닉에 굳이 알이 없는 뿔테 안경을 쓰고 가지 말자. 놀이 기구를 타다가 날아가는 경우도 종종 있고, 야외에서는 알이 없는 것이 훨씬 드러나 보여 상대를 머쓱하게 만들 수도 있다.

3 깊은 V넥 티셔츠:

활동성이 많은 야외 피크닉에서 고개를 조금만 숙여도 쇄골을 넘어 가슴이 다 드러나는 깊은 V넥 티셔츠는 몸이 아무리 권상우라도 보기 흉하다. 몸매는 바람 불지 않는 실내에서 뽐내주길.

4 구두:

그 어떠한 구두도 야외 피크닉에서는 허용할 수 없다. 특히 우리는 키도 평범한 만큼 로퍼도 거절이다. 스포츠 브랜드의 운동화를 신자.

5 가죽 소재의 아이템:

가죽 바지는 물론이고 가죽 바이커나 가죽 가방까지도 야외 피크닉에는 어울리지 않는다. 더워 보이고, 작아 보이고, 경직되어 보인다.

6 메탈 액세서리:

놀이 동산을 갈 때 허리에 체인을 휘감고 가는 것은 놀이 기구를 타지 않겠다는 말과 다름없다. 몸을 최대한 가볍게 하고 움직여야 같이 다니는 친구들이 피곤하지 않을 것.

쇼핑 파트너는 동성보다는
여성이 제격이라고 생각한다

80% 그렇다 **20%** 아니다

계절별 옷입기 다이어리

봄, 여름, 가을, 겨울 등 새로운 계절을
앞두고는 여전히 설렘을 갖고
어떤 옷을 입을지 머릿속으로 한 번쯤
떠올려보기 마련이다. 작년에 산 점퍼가
아직도 쓸 만한지, 올봄에는 붙는 청바지가
유행이라던데 하나 구입해보는 게 어떨지,
이제 10년간 쓰던 선글라스는 한물간 것이
아닌지……, 새로운 계절을 앞두고,
당신의 스타일과 신장을 성장시킬
체크리스트가 담긴 다이어리를 놓치지 말고
숙지하여 계절별 멋쟁이로 거듭나보자.

봄의 일기

무거운 겨울옷을 벗고, 드디어 가볍고 신선한 봄옷을 입어줄
차례! 하지만 겨우내 꼭꼭 숨겨두었던 뱃살과 몸매가
정면으로 드러날 것과 블랙과 그레이 등 무채색만 입다가
파스텔 컬러에 도전하려니 어색하기도 하고, 쉽지만은 않은
것이 사실. 봄을 위해 2월 중순부터 3월 중순까지 한 달간
준비해야 할 것들.

FEBRUARY 15

겨울옷의 드라이클리닝은 두꺼운 순서대로 맡긴다

오늘은 아침부터 추적추적 비가 왔다. 그런데 마냥 쓸쓸한 겨울비는 아니었다. 봄이
오고 있는 소리가 저만치서 들리는 것 같았다. 그러고 보니 요 며칠 사이 두터운
울 터틀넥이나 무스탕, 코듀로이 바지들은 잘 입지 않은 것 같다. 서서히 부피가 큰
겨울옷을 정리해야겠다는 생각이 들어 드라이클리닝을 맡겼다. 세탁이 끝나고 옷이
오면 옷장 안쪽부터 정리해두어야겠다.

FEBRUARY 17

파스텔 컬러의 포인트 아이템에 도전하라

우연히 뉴스를 보던 중 앵커가 착용한 핑크색 컬러의 타이가 눈에 띄었다. 아, 드디어
봄이 온 건가? 불현듯 옷장을 뒤져봤다. 온통 우중충한 색깔의 옷들과 타이들뿐.
남자라고 해도 봄이 오니까 조금은 밝고 화사해 보이고 싶다는 생각이 든다. 이달
월급이 나오면 가볍게 기분 전환차 쇼핑을 해보리라 결심했다.

FEBRUARY 19

두꺼운 아우터 대신 니트나 카디건 등 이너웨어로 레이어드하라

직장에서 동료 한 명이 나에게 넌지시 이제 그만 코트 좀 벗고 다니라고 말한다.
그래도 아직 아침과 밤은 쌀쌀하다고 말하니까 그가 한 가지 팁을 알려줬다. 간단히
말해 셔츠 안에 티셔츠를 입고 재킷 안에 니트를 입는, 밖이 아닌 안에 껴입기다.
이것을 레이어드라고 한단다. 게다가 셔츠 안에 티셔츠를 입는 것이 밖에 옷을 껴입는
것만큼이나 보온성에서 탁월한 효과가 있다고 한다. 안 그래도 정말 무거운 코트를
벗고 싶었던 차였다. 집으로 돌아와 동료에게서 힌트를 얻은 대로 셔츠 안에 입을
여름철 반팔을 몇 개 꺼냈다. 셔츠 위에 입을 카디건이나 니트도 끄집어냈다. 하프
코트는 드라이클리닝을 맡겼다. 속이 조금 시원해진 느낌이다.

봄옷 쇼핑 파트너는 동성 친구보다 여성이 제격이다

기다리던 월급날이다. 주말에는 가벼운 봄옷을 꼭 구입할 예정이다. 누구랑 같이 가면 좋을까? 주변을 물색하던 중 옷을 나보다 못 입는 사람들은 제외하기로 했다. 왠지 내가 더 손해 보는 느낌이 들어서다. 그 순간 대학 동기 J양의 문자가 도착했다. 뭐하냐는 일상적인 대화. 문득 그녀에게 권해보기로 했다. 물론 밥을 한 끼 사줘야 한다. 하지만 아무래도 봄옷이니까 남자보다도 기본적으로 색감에 대한 센스를 지닌 여자가 낫지 않겠는가! 다행히도 그녀는 흔쾌히 수락했고, 나에게 봄옷은 밤보다 낮에 사야 그 컬러감이 제대로 보여 좋다며, 쇼핑 시간까지 정해줬다.

세일 상품보다는 봄 상품에 초점을 맞추자

국경일을 맞아 오전 일찍 쇼핑을 나섰다. J양과 함께 백화점부터 아웃렛, 시장까지 쫙 돌기로 했다. 쇼핑할 때는 같이 입어볼 수 있도록 너무 두껍지 않게 입으라는 J양의 팁을 듣고 낮은 운동화를 신고 만반의 준비를 다했다. 그런데 겨울철 상품을 반값 이상 세일하고 있는 것이 눈에 보였다. 하지만 내 목적은 봄 상품이 아니던가! 흔들리는 나를 J양이 제대로 바로잡았다. 가장 중요한 것은 소재와 컬러라고 덧붙였다. 양말부터 모자까지 겨울철 두꺼운 소재는 모두 벗어야 된다며 날 데리고 곳곳을 누비고 다녔다. 키가 작은 나에겐 화이트 운동화가 어울린다면서 신발까지 권유했다. 블랙과 네이비 등 포멀한 어두운 컬러와도 무난히 잘 어울리고 키도 커 보인다며 핑크 톤의 스트라이프 셔츠도 구입하길 권했다. 차곡차곡 쇼핑을 마치고 나니 봄 준비가 다 끝난 기분이었다.

봄의 멋쟁이는 누가 먼저 봄 의상을 선점하느냐가 관건이다

경칩이다. 완전한 봄은 분명 아니지만 기분도 그렇고 해서 지난번에 구입한 핑크색 스트라이프 셔츠를 입고 출근했다. 반응이 정말 좋았다. 올해 들어 가장 밝은색을 사무실 내에서 먼저 시도한 남자라 그런지, 다들 "멋있다"고 말했다.

주말에는 배낭을 메자

토요일을 맞아 근교에서 자전거를 타고 싶다는 생각이 들었다. 간단한 소품들을 넣을 만한 가방이 필요했다. 오랜만에 먼지가 쌓인 배낭을 집어 들었다. 가볍게 메니 키도 커 보이는 듯 발걸음도 가벼워졌다.

여름의 일기

봄 햇살을 만끽하며 미소를 짓던 때가 엊그제 같은데 어김없이 돌아오는 끈적끈적한 무더위의 정체는 바로 여름을 알린다. 하지만 덥다고 해서 무작정 긴팔에서 반팔로 전환하고 반바지만 입는다고 해서 여름철 멋쟁이가 되는 것은 아니다. 센스를 키우면서도 차분하게 여름을 준비하는 다음의 다이어리를 통해 조금 더 신경 써보자.

JUNE 4

야외 운동으로 구릿빛 피부와 몸매를 만들어라

올여름에는 무척이나 덥다. 하지만 겨울과 봄, 재킷 속에 가려두었던 살이 만만치 않은데 당장 얇은 반팔 한 장 입고 나서기가 두렵다. 그래, 여름이 코앞이고 하니 피트니스 센터를 다녀볼까? 고민 끝에 지인이 소개해준 테니스장을 등록했다. 테니스 의상은 반팔에 반바지여야 하니 일단 이래저래 여름옷 준비도 제대로 시작할 수 있을 것 같고, 야외에서 하니까 자연스레 구릿빛 태닝 피부도 갖게 되지 않을까?

JUNE 6

봄 재킷은 여름에도 활용할 수 있도록 치우지 말 것

올해 들어 처음으로 반바지를 입은 남성을 봤다. 처음에는 다소 이르지 않나 신기했는데 긴팔 바람막이 점퍼를 입고 반바지를 입은 걸 보니 꽤 멋져 보였다.

여름에도 재킷을 입는다
20% 그렇다 · 80% 아니다

장마철 룩으로도 괜찮을 것 같다. 나 역시 반바지, 특히 다리가 짧은 관계로 무릎 위로 오는 짧은 반바지를 즐겨 입는데, 이번 여름에는 긴팔 재킷과 매치해도 좋을 것 같다는 생각이 든다. 조만간 봄 재킷 중에 가볍고 컬러가 산뜻한 것을 골라 반바지와 매치해서 입는 것에 도전해봐야겠다.

JUNE 12

목에 약간 여유가 있는 U넥 티셔츠를 구입하라

아침 일찍 작년 여름에 입었던 흰색 티셔츠를 찾아보니 관리를 잘못한 탓인지 노랗게 변해 있었다. 이런, 제대로 비닐 포장을 해서 겨울옷처럼 여름옷도 신경 써서 잘 관리해야겠다는 생각이 든다. 여하튼 여름에 가장 신경 쓰이는 것이 멋진 티셔츠 한 벌을 구입하는 일인 듯하다. 시즌별로 유행하는 스타일이 한데 모여 있는 데다가 1만 원이면 한 장을 너끈히 구입할 수 있는 인터넷 쇼핑몰을 뒤졌다. 나 같은 단신은 2가지를 고려하면 좋다고 한다. 목에 약간 여유가 있는 U넥과 티셔츠의 로고나 프린트가 목 가까이 갈수록 키가 커 보인다고 한다. 없던 화이트 컬러를 기본으로 구입하고, 여름이니만큼 비비드한 노란색과 파란색 티셔츠도 구입했다. 어서 빨리 도착했으면 좋겠다!

JUNE 15

여름철을 빛내줄 적절한 액세서리도 놓치지 말자

오랜만에 나선 명동. 삼삼오오 거리를 활보하는 젊은이들은 다가올 여름을 준비해서인지 굉장히 컬러풀하고 시원한 옷차림으로 저마다의 개성을 표현하고 있다. 나 역시 티셔츠와 바지만으로는 뭔가 심심하다는 생각이 들어서 거리에서 파는 다양한 액세서리를 조금 구입하고자 하는 욕심이 생겼다. 먼저, 벨트. 다양한 컬러의 벨트가 있지만 단신인 탓에 컬러에 너무 포인트를 주면 몸이 2등신처럼 보일 것 같았다. 무난한 네이비 컬러지만 천 소재에 내추럴한 프린트가 들어 있어 여름 향기 물씬 풍기는 것으로 선택했다. 다음에는 모자, 자외선도 막아줄 겸 머리를 만지지 않아도 좋으니 여름에는 모자가 최고의 액세서리 아니던가! 시원하고 키도 커 보이는 느낌을 주는 화이트 캡 모자를 구입했다. 아, 반지나 목걸이는 조금 더 돈을 모으면 사야지! 운동화는 봄에 신던 화이트 컬러로 일단 버텨볼 생각이다.

JUNE 20

여름용 슈트는 같은 바지를 두 벌 구입하는 것이 좋다

사무실에서 일하는데 겨드랑이가 축축한 느낌을 받았다. 여름용 양복을 한 벌 살 때가 온 건가! 투버튼으로 깔끔한 네이비나 그레이 컬러를 구입하고 싶었다. 회색은 키 커 보이는 데도 가장 효과적이라고 하던데! 업무를 마치고 양복 매장에 잠시 들렀더니 점원이 오늘은 문 닫을 시간이 20분도 남지 않았다고 주말에 오길 권한다. 양복은 시간을 넉넉히 두고 골라야 실수가 없다고 팁까지 전해준다. 여름에는 특히 바지가 금방 오염되기 쉬우므로 같은 바지를 한 벌 더 구입해야겠다.

JULY 2

레지멘털 스트라이프의 타이로 시원함을 살려주자

아침에 문득 출근하려고 보니 타이의 컬러가 너무 칙칙한 것들만 있는 게 눈에 띄었다. 사선이 그려진 레지멘털 스트라이프 타이는 키도 커 보이고 시각적으로 몸도 슬림하게 해준다고 하니, 양복을 구입할 때 같이 고려해야겠다. 여름이고 하니 컬러 배합도 블루랑 화이트처럼 시원한 것으로 골라야겠다.

가을의 일기

레이어드와 믹스&매치, 그리고 본격적으로 재킷을 비롯한 아우터를 입어줘야 하는 싸늘한 가을. 우리 같은 단신에게는 선택의 폭이 넓지만은 않다. 하지만 다음 가을의 다이어리를 보고 꼼꼼히 준비하여 도전한다면 도시적이면서도 세련된 남자의 계절, 가을을 맞이할 수 있다.

AUGUST 21

스카프부터 시작하라

아직 분명한 여름이지만 가을이 성큼 다가온 냄새가 느껴진다. 낙엽 위도 거닐고 싶고, 근사한 뿔테 안경을 쓰고 파이프도 한 번 물고 싶은 심정을 이해한다고나 할까. 고독이 밀려온다. 가을의 멋을 어떻게 살리면 좋을까? 처음부터 어렵지 않게 지난가을에 구입해두었던 체크 스카프를 꺼내서 매보기로 했다. 방법은 간단했다. 타이를 하지 않고 셔츠 위에 가볍게 둘러 묶었다. 이것만으로도 가을을 향한 인사는 충분하지 않은가!

AUGUST 27

여름옷은 레이어드할 수 있도록 그대로 두어라

채널을 돌리다 우연히 보게 된 케이블 패션 프로그램. 한 남성복 쇼에서 반바지 안에 긴 바지인지 레깅스인지를 입고 등장한 모델이 나타났다. 저게 무슨 패션인지 이해가 되지는 않지만 긴팔 티셔츠에 반팔 티셔츠를 레이어드해서 한번 입어야겠다는 생각은 들었다. 야! 이렇게 하려면 가을에도 여름옷을 옷장에서 쉽게 보이는 곳에 두어야겠다. 물론 이때 긴팔 티셔츠와 바지의 컬러를 통일하면 키가 더 커 보일 수 있다는 것도 잊지 말아야지!

SEPTEMBER 1

데님 혹은 가죽 블루종은 기본

9월의 첫날이라 그런지 회사 동료 중 한 명이 카키색 버버리 트렌치코트를 멋스럽게 입고 등장했다. 아, 나도 운치 있는 가을 남자가 되고 싶다. 하지만 그 동료와 나는 엄청난 키 차이가 난다. 하지만 다행히도 내겐 데님과 가죽 블루종이 있다. 데님 블루종을 청바지와 입으면 제임스 딘 같다는 이야기를 들을지도 모르고, 가죽 블루종을 걸치면 남성미가 물씬 풍기는 브래드 피트 같다고 할지도 모르겠다.

생지 데님 진을 구입하라

가을이라 그런지 잘빠진 청바지 한 벌을 구입해야겠다는 생각이 들어 시내 백화점에

있는 전문 청바지 브랜드의 매장을 찾았다. 뒷주머니가 힙선보다 위쪽에 있고,

스티치와 바지 색상이 너무 도드라지지 않으며, 워싱이 적은 청바지가 다리를 길어

보이게 한다는 이야기를 들었다. 이 모든 것을 고려할 때 단신남에게 가장 좋은

청바지는 생지 청바지다. 생지 청바지가 아주 진하고, 스트레이트 핏으로 구입한

거라면 적당히 접어 올려 입어도 좋을 것 같았다. 포멀한 재킷에 생지 청바지를

입고 신발에 포인트를 주는 룩으로 완성하면 한결 커 보이고 멋지단 생각이 절로

들 것이다. 아, 다음 주말에 있는 친구 결혼식에는 매번 입는 까만색 정장을 버리고

생지 데님 청바지와 화이트 셔츠, 그리고 블랙 재킷에 가볍게 행커치프만 꽂아서

세련되면서도 편한 느낌으로 연출해야겠다. 이래저래, 쓸모가 많은 녀석이다.

발목 양말은 모두 치울 때다

양말 빨래를 제때 못해, 가을 양복에 발목 양말을 신고 출근했다. 양말을 신지

않기에는 발이 너무 허전했다. 모두 벗고 있는 것처럼 괜히 민망해지기 시작했다.

확실히 발목 양말은 한여름, 서퍼나 스포츠를 적극적으로 즐기는 룩에 어울리는

아이템인 것 같다!

코듀로이 소재의 콤비네이션 재킷을 구입할 것

그 어느 계절보다도 가을이면 재킷을 자주 찾게 되는 것 같다. 하지만 나의 경우

재킷이 모두 양복 정장용에서 따로 빼서 입는 스타일이라 바지와 매치하기도 어렵고,

전체적으로 벙벙한 느낌을 줬다는 생각이 들었다. 아, 그렇다면 가을에 가장 기본이

되는 콤비네이션 재킷은 무엇일까? 뭐니 뭐니

해도 따뜻하고 움푹 파인 부분이 세로 스트라이프

패턴의 느낌까지 주어서 키도 커 보이게 만드는

코듀로이 재킷이 가장 좋단다. 블랙보다는

밝은 브라운 색을 선택하니 코듀로이 재킷이

주는 신뢰감도 생기고 하여튼 마음에 쏙 드는

쇼핑이었다.

겨울의 일기

두 손 두 발 다 꽁꽁 싸매고 가만있어도 바람에 날아갈 것처럼 추운 겨울. 보온성도 물론 신경 써야겠지만 입는 아이템의 수가 많아짐에 따라 아우터부터 이너웨어까지 멋진 스타일을 연출해내는 것도 중요하다. 특히 우리 같은 평범남은 늘 비율 문제를 고려하면서 컬러와 패턴의 매치에 대해 다음 다이어리처럼 꼼꼼하게 신경 써야 한다는 사실을 잊지 말자!

NOVEMBER 19

겨울용 슈트와 그 위에 입을 코트부터 구입하라

어느덧 올해도 달력 한 장밖에 남지 않았다. 그러고 보니 날씨도 정말 쌀쌀해졌다. 재킷 안에 두터운 카디건을 껴입어도 다소 추운 요즘, 겨울을 맞아 겨울용 슈트를 구입해야겠다는 생각이 들었다. 일단 울이나 캐시미어처럼 보온성이 뛰어난 소재의 것으로 선택해야겠다. 그러고는 작은 키를 커버할 수 있는 투버튼 정도로 그레이나 네이비 등 밝은 단색을 구입할 예정이다. 또 하나, 컬러를 맞춰 입기도 편하고 재킷을 벗고 코트만 입어도 좋다고 하니 겨울용 슈트를 살 때 슈트 위에 입을 코트도 미리 함께 구입해둘 예정이다. 단, 코트가 무릎 아래로 떨어지는 너무 긴 길이면 다리를 짧아 보인다고 하니까 조심해야지. 컬러 역시 슈트보다는 밝은 것으로 구입하여 신장을 커 보이게 할 예정이다. 블랙 슈트에는 회색 코트, 회색 슈트에는 밝은 회색 코트, 이런 식으로 말이다.

NOVEMBER 27

가을 바지는 이제 그만, 겨울용 소재의 바지를 구입하라

어머니가 방금 전에 전화해서 내복만큼 좋은 겨울철 보온 의상은 없다며, 내복을 구입하길 종용하셨다. 물론 나도 알지만, 어린 시절 이후 안 입은 지가 워낙 오래된 터라 과연 가능할지 의문이 든다. 하여튼 이런 내복을 입지 않고 겨울을 견디려면 무조건 따뜻하고 보온 잘되는 겨울 바지 한 장은 필수인 것 같다. 청바지를 비롯한 캐주얼 바지라고 해도 안감이 기모 소재라 보온성이 보장되는 것이 유니클로 등 가격이 저렴한 글로벌 브랜드에서도 많이 출시된다고 한다. 올겨울에는 상의만 무턱대고 껴입고, 다리를 벌벌 떠는 우를 범하지 말아야겠다.

NOVEMBER 30

스키 시즌도 시작됐고 해서 스키복으로도 사용할 수 있는 패딩 점퍼를 하나 구입하기로 했다. 컬러와 디자인이 다양한 게 많이 나왔는데 너무 부피가 큰 것은 상의를 로봇처럼 둔탁해 보이게 하는 것 같다. 될 수 있는 한 패딩 소재로 쓰인 털이 좋고, 부피감은 너무 크지 않은 것으로 선택했다. 또한 기본적으로 보온성이 보장될 뿐 아니라, 뒤태가 조금 더 길어 보이는 장점까지 있다고 해서 털모자가 달린 것으로 골랐다. 또 패딩 점퍼로 포인트를 주기 위해 진한 블루 컬러를 구입했다. 상의와 바지는 블랙 컬러로 통일하여 키를 커 보이도록 해야겠다.

DECEMBER 3

터틀넥보다는 V넥 니트

솔직히 목이 짧은 것은 알지만 너무 추운 관계로 몇 년 전에 구입한 녹색 터틀넥을 입고 출근했다. 하지만 반응은 영 신통치 않았다. 특히 사무실에 앉아 있을 때 사람들이 목이 빠진 것 같다며 비아냥거렸다. 이럴 수가! 아무리 추워도 울 소재의 셔츠를 입고 V넥 니트를 레이어드해서 입어 단신을 드러내는 실수는 하지 말아야겠다.

DECEMBER 9

컬러가 어려우면 블랙과 그레이로 베이스를 깔고 화이트로만 멋을 내라

모처럼 고등학교 동창들이 우리 집을 방문했다. 쓱 둘러보더니 내 옷장을 갑자기 열고, "왜 이렇게 옷이 다 칙칙하냐?"고 이구동성으로 묻는다. 그때 디자이너로 일하는 친구가 넌지시 팁을 준다. "좀 더 밝은 이미지를 주고 싶다면, 흰색을 포인트로 사용해봐. 올 블랙 착장에 화이트 운동화라든지, 블랙 코트와 바지에 화이트 셔츠를 입는다든지!" 겨울에는 흰색으로 멋을 내야겠다!

DECEMBER 17

굽이 있는 부츠와 폼 장식이 달린 털모자로 마무리하라

오후 2시, 잠깐의 티타임. 휴게실에서 키가 분명 나보다 작은데 커 보이는 직장 후배에게 물었다. 대체 비결이 뭐냐고. 먼저 깔창이 아닌 굽이 있는 부츠를 신길 권했다. 앵클부츠나 구두도 굽이 있는 것을 선택하면 좋고, 캐주얼한 의상에도 굽이 은은하게 박힌 클락스 스타일의 구두를 신으라고 했다. 그러고는 혹시나 털모자를 쓰면 꼭 폼 장식이 달린 거를 구입하란다. 삼각형 형태라 전체적으로 얼굴도 갸름해 보이고 키도 커 보인다고! 아, 역시 겨울에도 멋쟁이가 되는 길은 참 멀고도 험하다!

그 밖의
놓쳐서는 안될
스타일 팁

이제는 꼭 사야 할 아이템부터 어떻게
입어야 하는지, 또 상황에 따라
어떻게 대처해야 하는지 큰 범위
안에서 자신감을 가졌을 터. 그렇다면
자신의 얼굴과 체형, 그리고 여자
친구를 좀 더 고려한
다음 조언에 관심을 가져주길 바란다.

STEP 9/01

여자는 피부 미남을 무조건 좋아한다

남자 화장품이란 말을 들으면 면도기 광고 속 쾌남의 이미지가 떠오르는가? 화장이 아닌 관리의 차원에서 남자의 얼굴과 헤어스타일에 대한 고민도 좀 더 발전적으로 할 필요가 있다. 정리되고 밝은 스킨케어와 헤어 및 다양한 제모는 신장 또한 커 보이게 한다.

화이트닝 제품으로 밝은 피부를 유지하라

어둡고 칙칙한 피부는 나이 들어 보일 뿐 아니라 빈티가 난다. 따라서 늘 피부 톤을 밝게 유지할 필요가 있다. 이때 필요한 것이 바로 화이트닝 제품. 화이트닝이란 하얗게가 아닌 밝은 피부 톤을 유지하는 데 도움을 준다. 그렇다고 해서 드러내놓고 화이트닝 제품을 쓰기란 민망한 것이 사실. 이럴 경우 주로 집에서 사용하는 세안제나 스킨을 화이트닝 효과가 있는 제품으로 바꿔주는 것이 현명한 방법이다. 예민한 피부라면 여성용 화이트닝 제품도 시도해보자. 또한 외출 시에는 자외선을 차단하는 제품을 바르는 습관을 가지는 것 역시 필요하다. 이때 자외선 차단 효과는 채 4시간을 넘지 않으므로 4시간마다 꼼꼼하게 덧발라주는 것이 좋다.

모발의 끝은 뾰족하게 연출하라

우리 같은 평범남에게 가장 걱정되는 그루밍 중 하나가 바로 헤어스타일이다. 키를 커 보이게 하기 위해서 무조건 막연하게 띄우자니 부담되기 마련. 그렇다면 세련되면서도 머리에 힘을 실어줄 수 있는 방법은 무엇일까? 바로 뾰족뾰족하고 거친 머릿결이 매력적인 스파이키 헤어 커트(p.107)를 추천한다. 모발의 끝을 날렵하게 다듬어주는 것은 모발의 끝을 평면적으로 다듬는 것에 비해 훨씬 더 터프하고 강렬해 보인다. 마치 단화에서 하이힐을 갈아 신은 여성처럼 자신감이 생길 것. 헤어의 끝을 띄우지 않고

붙이는 스타일에도 모발의 끝이 뾰족한 경우 한결 살아나는 느낌을 줄 것이다. 또한 왁스나 젤을 바를 때도 먼저 모근에 탄탄하게 힘을 부여한 뒤 모발의 끝을 살짝 만져줘 완성하면 강하고도 인상적인 헤어스타일링을 완성할 수 있다.

눈썹의 끝과 눈의 끝은 45도의 부채꼴 비율로 정돈하라

남자의 얼굴 라인을 슬림하면서도 또렷하게 만드는 데 가장 큰 역할을 하는 것은 바로 눈썹. 흔히 눈썹 손질은 아주 특이한 직업이나 취향을 지닌, 혹은 일본 남자들만의 것으로 여기는 경우가 많다. 그런데 눈썹은 사실 약간만 손질해도 얼굴 전체의 이미지를 확 바꿀 수 있으므로 '변화'가 필요하다고 인식되면 정리하는 것이 좋다. 먼저 눈썹이 많고 지저분하다면 얼굴형과 관계없이 눈썹과 눈썹 사이를 깔끔하게 정리하면서 시작하자. 그리고 눈썹 형태를 눈과 눈썹의 끝이 45도 정도의 부채꼴로 이어질 수 있도록 길게 뽑아 정리하는 것이 가장 적당하다. 숱이 많다면 조금 다듬어주는 것이 한결 깔끔해 보일 것. 눈썹이 없는 편이라면 검정색 펜슬로 슬쩍 그려준다. 이때 갈색이나 진회색은 눈에 띌 수 있으므로 피하는 것이 좋다. 물론 혼자가 힘들다면 헤어숍에 부탁하자.

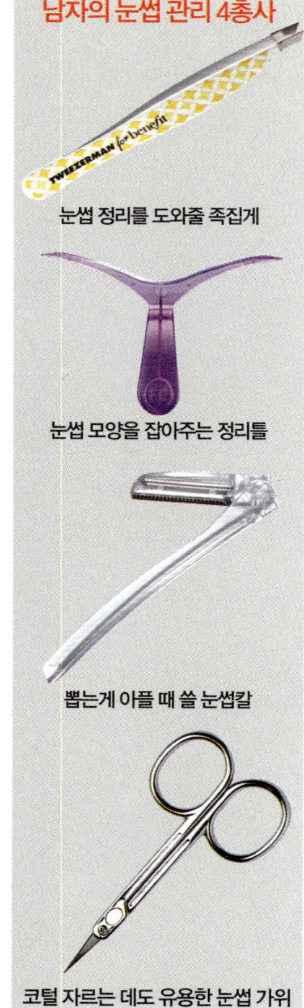

턱이나 콧수염은 평면이 아닌 선의 형태로 정리하라

혹시 구릿빛 피부에 좀 더 거친 남성적 느낌을
표현하기 위해서 턱수염이나 콧수염을 기르고자
한다면 평면적이 아닌 선의 형태로 그 모습을
연출하는 것이 왜소해 보이는 것을 방지할 수 있다.
즉, 너무 퍼져 보이는 수염 형태는 키가 작아 보이고
답답하게 느껴지기 마련이라는 점을 잊지 말도록.
턱수염의 경우 가운데 한 줄로 정리하거나 콧수염도
폭을 최대한 줄여가는 느낌으로 정리하는 것이 좋다.
이때 구레나룻 역시 너무 두껍지 않게 정리하는 것이
통일감을 주어 좋다.

당신에게 맞는 화장품 브랜드가 따로 있다

피부에 투자하는 것은 패션과 마찬가지로 결코 돈의
힘만으로 좌지우지되는 것은 아니다. 스킨케어 역시
자신에게 맞는 이미지의 제품을 고르는 것이 가장
중요하다. 다음의 '~한다면' 브랜드 추천 리스트가
도움이 되길.

크리니크 맨 남성 화장품에 본격적으로 관심을 갖기
시작한 20대 초반, 그리고 합리적인 가격대와 다양한
제품 라인업을 만나보길 원한다면.
헤라 옴므 향에 스스로도 취하고 싶은 남자, 향수를
따로 쓰지 않는 남자, 장동건처럼 마초적이면서
반듯한 느낌을 살리고 싶다면.
꽃을 든 남자 남성용 컬러로션의 원조. 한여름에도
태닝보다는 화이트닝에 집중하는 남자, 김재원이나
정일우처럼 마일드하고 우유빛의 부드러움을
꿈꾼다면.
바닐라코 파운데이션은 아직 두렵고, 자외선 차단과
피부의 결점 커버에 도움을 주는 BB 크림을 바른다면.

비오템 옴므 얼굴에 4가지 제품 정도는 바르는 남자, 여자가 좋아하는 스타일에 집중한다면.

아라미스 랩 시리즈 스킨케어부터 헤어와 보디까지 토털로 한 가지 브랜드에서 구입하는 것을 좋아하고, 체계적으로 갖춰진 제품에 아낌없이 투자하고 싶다면.

SK-2 주름 개선, 동안, 화이트닝 등 전문적인 케어에 관심이 많으며 여자 친구와 함께 쓰면서 눈에 확 띌 만한 즉각적인 피부 개선을 원한다면.

키엘 맨 지적이면서 합리적이고 특히 대용량의 보디&헤어 제품에 관심이 많은 남자, 심플한 패키지에 유혹되는 사람이라면.

아베다 맨 등산과 운동을 즐기며 특히 두피 관리에 좋은 헤어 제품을 구입하길 원한다면.

오딧세이 백화점보다는 화장품 전문 로드 매장에서 주로 구입하는 남자, '남자라면 강렬함!'이라고 생각하며 빨리 어른이 되길 원한다면

클라란스 맨 크림 타입보다 젤 타입의 영양 제품을 선호한다면

더보디숍 포 맨 제품당 1만원대의 합리적인 가격으로 전 라인을 구비하고 싶다면.

라네즈 옴므 국내 브랜드 가운데에서 꼼꼼하면서도 댄디한 스킨케어 제품을 원한다면.

시세이도 맨 부드러우면서도 자극 없는 클렌징 제품을 원하는 남자, 게다가 그것을 합리적인 가격으로 구입하길 원한다면.

랑콤 맨 강하고 센 것에 집중하는 남자, 스킨과 로션을 바를 때 얼굴과 손이 닿으며 나는 '착' 하는 소리에 집착한다면.

로레알 엑스퍼트 맨 합리적인 가격과 우주적인 패키지에 열광하는 남자, 영화 〈트랜스포머〉를 2번 이상 봤다면.

아라미스 랩 시리즈 루트 파워 트리트먼트 샴푸 (250ml, 4만3천원) 탈모에 고민하는 자라면 강추하는 제품. 여름에 쓰면 더위가 물러갈 정도로 시원하다.

에이솝 B 트리플 C 페이셜 밸런싱 젤 (60ml, 12만7천원) 두터운 크림 타입에 거부감이 있는 지성 피부라면 산뜻하고도 보습 효과에 도움을 주는 제품.

맨사이언스 포스트 쉐이브 리페어(118ml, 3만9천원) 면도 후 바르는 제품은 많아도 면도 전에 바르는 제품은 흔치 않다. 향 또한 남성적이면서 쿨하다.

클라란스 맨 애프터 쉐이프 에너자이저 (100ml, 3만5천원) 면도 후에 제대로 된 제품을 바르지 않으면 트러블이 생길 수 있다. 텁텁하지 않고 산뜻한 느낌.

SK-2 스킨 시그니처 멜팅 리치 크림 (50g, 17만3천원) 자기 전에 바르면 다음 날 보톡스를 맞은 것처럼 한결 어려지고 밝은 느낌을 준다.

여친 옆에서도 힘이 나는 윈윈 커플 룩

내 여자 친구가 나보다 더 키가 크다면? 아니, 그녀가 하이힐을 신고 나올까 조바심이 난다면? 물론 꼭 남자의 키가 여자보다 커야 한다는 법칙은 없지만, 그래도 그녀 앞에서 좀 더 당당하고 자신감을 얻을 수 있는 커플 룩이 있다면 누가 마다하겠는가? 다음 5가지 팁을 기억하자.

전신 커플 사진을 많이 찍어라

먼저 서로 어떤 의상을 입고도 좋다. 전신 커플 사진을 많이 찍어두자. 이때 여자 친구에게 들키지 않는 것이 좋다. 아니, 굳이 전신 컷을 많이 찍는 이유가 서로의 비율을 맞추기 위함이란 사실을 말할 필요는 없다. 전신 커플 사진을 많이 본다면 그녀와 당신의 모습이 상대에게 어떻게 비치는지 일단 파악할 수 있게 된다. 어떤 옷을 입고, 어떤 신발을 신고, 어떤 헤어스타일을 할 때 당신은 더 작아 보였는가? 아마도 당신이 그녀보다 어두운 컬러의 옷을 입으면 더 왜소해 보인다는 것을 가장 먼저 느낄 것이다. 또한 그녀보다 핏이 넉넉한 사이즈의 옷을 입는 것도 별로라는 것을 파악할 것이다. 그녀보다 옷에 들어간 패턴의 크기가 작은 것을 입어도 좋은 선택이 아니다. 상대보다 밝은 컬러, 상대보다 핏되는 의상, 상대보다 큰 패턴, 그 외에도 현명한 팁을 많이 발견할 수 있길 바란다.

여친이 드레스를 입은 날은 원버튼 재킷을 걸쳐라

그녀가 드레스를 입는 날, 당신 역시 재킷을 걸칠 생각을 할 것이다. 이때 콤비네이션 재킷이든 슈트든 버튼이 배꼽 위에 달린 원버튼 스타일의 것으로 선택하는 것이 비율상 안정적이다. 특히 당신의 재킷과 그녀의 드레스 밑자락의 길이가 같으면 다리 길이가 짧아 보일 수 있다. 그녀 드레스의 밑자락 길이가 대략 가늠이 된다면 그보다 재킷의 길이는 더 위로 올라올 수 있을 만한 짧은 것으로 선택하라.

만약 티셔츠와 청바지를 입고 가볍게 즐기는 야외
데이트를 계획한다면 크기가 작은 프티 스카프를
커플 룩의 액세서리로 활용해보는 것이 좋다. 2장을
준비하여 자신은 목이나 머리 혹은 손목에 살짝
묶어주고 그녀에게도 자유롭게 연출하길 권하라.
서로의 애정 지수도 올라가며 작은 스카프는 당신의
비율도 훨씬 더 좋게 만든다. 무늬가 있고 밝은
컬러를 선택하는 것이 좋고, 만약 그녀가 땀을 흘리면
손수건으로 변신시킬 만큼 능동적인 대처가 필요한
아이템이다.

단화를 강요하지 마라

은근히 여자 친구에게 부탁 혹은 강요하는 것 중의
하나가 상대가 단화를 신길 바라는 것! 하지만
이것은 어디까지나 여자 친구의 취향이다. 오히려
당신의 단신만 부각되고 콤플렉스로 비쳐 자신감
없는 남자로 여길 수 있으니 신발 굽 따위는 더
이상 논하지 마라. 여자 친구가 배려하는 걸 눈치챈
경우에도 대범하게 "넌 하이힐 신을 때 가장 다리가
예뻐 보여"라는 말을 던지든지 생일 선물로 굽이 있는
신발을 사주면서 "이제 내 눈치 보지 마"라는 등의
이야기를 대범하게 던질 필요가 있다. 만약 자신의
키가 걱정된다면 키가 커 보이는 신발을 선택하여
그녀의 하이힐 앞에서도 자신감을 지키자. 깔창이
아니라도 화이트 컬러라든지 앞코가 너무 뾰족하지
않은 구두라든지, 끈을 매는 옥스퍼드 구두라든지,
굽이 있는 앵클부츠 형태라든지 '힐' 탓이 아닌 당신의
센스가 필요한 시점이다.

커플 티셔츠는 프린트가 위로 올라온 것으로 선택하라

교제하면 뜻하지 않더라도, 그녀의 요구에 의해서
흔히 한 벌쯤 구입하게 되는 것이 커플 티셔츠다.
이때 사랑을 뜻하는 영어 문구든 귀여운 캐릭터가
담긴 그림이든 패턴이 중앙보다는 목선에 치우친
것을 선택하라. 네크라인 쪽으로 향하는 만큼 당신의
키도 커 보일 것이다. 또한 티셔츠를 바지 안으로
넣어 입는 것이 다리가 길어 보이는 가장 기본적인
팁이라는 사실을 절대 잊지 말도록. 여기에 살짝 소매
라인을 한두 번 정도 말아 올려주면 팔이 길어 보여
더욱 몸의 비율이 좋게 보일 수 있다. 그리고 커플
티셔츠를 원하는 여자 친구의 부탁을 너무 외면하지
않는 것도 매너다.

뚱뚱하다면 꼭 기억해야할 중요한 사실

이것 역시 내 경우다. 키도 작은데 복부 비만 혹은 전신 비만에 시달리는 당신에게 다이어트만큼이나 필요한 것이 날씬하면서도 키가 커 보이는 스타일링 팁일 것. 키가 커 보이는 팁은 수도 없이 언급했으니 그럼 −5kg 연출을 위한 다음 팁을 당신에게 선물한다.

한 컬러로 통일하라

키도 작고 뚱뚱한 남자에게 가장 먼저 권하고 싶은 팁은 컬러에 욕심내지 말라는 것. 분산되어 보이는 컬러가 자칫 당신의 살까지 흐리게 할 수 있다고 기대한다면 지나친 오판이다. 컬러 역시 화이트나 라이트한 그레이 등 밝은 컬러보다는 블랙이나 네이비 등 조금 어두운 톤을 선택하는 것이 안정적이면서도 날씬해 보일 것이다. 정말 멋을 부리고 싶다면 한 컬러를 선택한 뒤 소재의 다양함으로 재미를 줘라. 올 블랙이라도 면 티셔츠에 새틴 바지, 가죽 구두, 캔버스 가방이라면 누구보다 스타일리시해 보일 것이다.

재킷은 허리가 아닌 어깨에 맞는 것으로, 베스트는 허리에 맞는 것으로 선택하라

제발 재킷을 입고 허리를 채워보려고 욕심내지 말자. 슈트가 아닌 이상에야, 아니 슈트라 해도 굳이 재킷 단추를 채울 필요는 없다. 재킷을 여민다고 나온 배가 들어가 보일리 만무하다. 베스트의 사이즈를 허리에 맞춰 선택하여 단추를 채우고 재킷은 여는 편이 한결 날씬하고 멋질 것이다. 단지 재킷은 가장 마지막에 입는 상의이므로 어깨는 반드시 핏되어야 한다. 흔히 복부 비만인 경우 허리는 맞는데 어깨는 큰 경우가 많다. 이럴 경우 더 뚱뚱해 보이고, 키도 작아 보이기 마련이다. 어깨에 맞는 재킷을 입는 것이 다이어트 스타일링으로 가는 꼭 빠른 지름길이란 것을 명심하도록!

살찐 부위에 무늬를 줘라

상체가 비만이라면 상의에 패턴이 있는 것을 입고
하의는 민무늬를 선택하자. 허벅지나 다리가
상대적으로 비만이라면 하의에 무늬가 있는 것을
선택하는 것이 상대적으로 살을 커버하는 데 도움을
준다. 이때 무늬의 컬러와 남은 상·하의의 컬러를
맞춰주면 키가 커 보인다는 점을 잊지 말도록.

얼굴에 살이 쪘다면 그 주변의 액세서리는 금물이다!

간혹 유난히 볼살이나 광대뼈 주변이 발달한 경우나
머리가 큰 남자들이 그 주변에 액세서리를 많이 하는
경우가 있다. 이 경우 단점을 커버하기는커녕 오히려
강력하게 부각시키는 치명적 연출이라는 점을 잊지
말도록. 모자, 귀고리, 목걸이, 스카프, 뿔테 안경 모두
버리는 것이 좋다. 머리부터 귀, 목까지는 여유를 두고
깔끔한 헤어 커트와 알맞게 넉넉한 네크라인의 상의로
매치하는 것이 얼굴 비만을 줄일 수 있는 방법이다.
조금 더 노력한다면 차라리 태닝을 통해 피부 톤을
최대한 구릿빛으로 연출하는 것이 최선책이다.

칼라나 후드 등 디테일이 있는 티셔츠를 선택하라

살집이 있는 경우에 가장 곤혹스러운 계절이 바로
여름이다. 이때 기본적으로 저지 소재나 화이트 컬러의
라운드나 V넥 티셔츠는 피하는 것이 좋다. 칼라가 있는
피케 티셔츠나 후드가 있는 반팔 티셔츠 등 디테일이
있는 것이 훨씬 슬림해 보인다. 거기에 스트라이프나
아가일 등의 패턴이 있다면 더욱 좋을 것. 만약 티셔츠
단벌만 입는다면 얇은 면이나 마 소재의 베스트를 자주
활용하는 것이 슬림한 룩을 연출하는 데 도움을 줄
것이다. 또한 티셔츠 단벌도 바지 안에 넣어 입는 것이
더욱 안정된 비율을 완성한다는 사실도 잊지 말길!

STEP
10

키보다 커 보이는 패션을 위한 쇼핑 가이드

이제 앞에서 얘기한 키 작은 남자에게 유용한
아이템들이 즐비한 숍을 찾아 쇼핑할 차례다.
우선, 유니클로, 자라 등 무난하면서도
스타일리시한 글로벌 패션 브랜드의 쇼핑
노하우를 콕콕 짚었다. 또한 서울은 물론이고
혹시 몰라 도쿄와 뉴욕까지 가장 아름다운 남성
옷가게 리스트를 첨부한다. 매장별 특징을
잘 파악해 자신이 원하는 스타일로 완성해보자.

Cooperation 박인영(Newyork), 이솔네(Tokyo)

저렴하고도 멋진 글로벌 패션 브랜드에서 쇼핑할 때 기억해야 할 것들

합리적인 가격과 상품 구비, 유행에 민감하게 대응하는 글로벌 패션 브랜드가 전 세계적으로 열풍이다. 수천 수만 번의 쇼핑으로 얻은 20가지 특별 노하우를 기억하길!

GAP 갭

1 컬러풀한 니트는 두고두고 효자 아이템이 될 것

갭에서 가장 유용한 아이템 중 하나가 니트들. 가격도 좋지만 무엇보다 핏과 소재의 품질이 아주 뛰어나다. 녹색이나 파랑, 주황 등 눈에 띄는 색깔로 구입하면 블랙 코트나 재킷 안에 받쳐 입었을 때 더욱 빛이 난다.

2 갭의 로고 프린트는 영원불멸의 활용도 만점 아이템!

갭의 로고가 담긴 회색 후드티나 모자, 라운드 넥 티셔츠 등은 영원불멸의 아이템. 이 모두가 키가 커 보이게 하는 도우미들이므로 우선 로고가 깔끔하게 새겨진 아이템부터 쇼핑하면 후회가 없다.

3 크리스마스 특별 한정판을 놓치지 마라

갭은 특히 크리스마스 시즌에 재미있는 한정판 아이템이 자주 출시된다. 루돌프 언더웨어부터 빨강과 초록의 트리가 어우러진 양말, 머플러, 티셔츠 등 특별한 선물로도 손색이 없으니 새겨두도록.

4 스키니한 바지는 기대하지 마라

스키니한 바지는 유니클로나 H&M을 찾을 것. 갭은 미국 브랜드 특성답게 아무리 스키니한 핏도 스트레이트 핏 정도다. 대신 데님 재킷은 한 사이즈 작게 구입하면 섹시한 어깨선을 강조하는 느낌을 줄 수 있다.

5 가족 쇼핑에도 일품이다!

갭처럼 연령을 아우르는 브랜드가 또 있을까? 결혼했다면 아이부터 여자 친구, 그리고 형제, 부모님 모두 함께 쇼핑하기에 좋다. 물론 선물용으로도 탁월한 선택이다. 이때는 기본 아이템을 고르는 것이 현명하다.

1 가죽 아우터는 가장 먼저 찜할 것

H&M은 품절이 되면 다시 수입되는 경우가 거의 드물다. 수많은 아이템
가운데서도 H&M에서 가장 먼저 판매가 끝나는 것이 바로 가죽 소재의 아이템.
특히 가죽 블루종은 인기가 좋다. 가죽의 질이나 디자인도 우수하고 가격도
저렴하니까. 마땅한 가죽 아이템이 없다면 홈쇼핑보다는 단연 H&M을!

2 기본 운동화도 쏠쏠하게 활용이 가능하다

H&M은 많은 종류는 아니지만 운동화가 시즌별로 출시된다. 특히 화이트
컬러의 톡톡한 면 소재 운동화는 3만원 안팎으로 저렴하여 시선을 끌기 마련.
처음에는 실내화 같다는 생각에 얼마나 신을까 고민하겠지만 그만큼 세련되고
어디에나 신기 좋은 하얀 운동화도 구입하기 힘들다. 하얀 운동화가 키 커
보이는데 도움이 된다는 것은 물론이고 말이다.

3 귀여운 프린트가 담긴 언더웨어도 놓치지 말 것

캘빈클라인, 아메리칸 어패럴 등 남자들이 좋아하는 다양한 언더웨어 브랜드
가운데서도 합리적인 가격에 자주 입기 좋은 언더웨어가 바로 H&M이다. 세탁을
자주 하는 언더웨어 특성답게 프린트가 벗겨지기도 하지만 언더웨어는 두고두고
입는 아이템이 아니란 것을 명심하길. 너무 낡은 언더웨어를 과감하게 버리기
위해선 H&M을 강추한다.

4 메탈 액세서리는 무게감이 있는 것으로 구입하라

H&M에는 체인이나 팔찌, 목걸이 등 다양한 메탈 액세서리가 있다. 하지만
가격이 저렴한 만큼 무게감이 없는 것이 사실. 너무 가벼운 메탈 액세서리는 다소
저렴하게 비쳐 스타일의 완성도를 떨어뜨릴 위험이 있다. 무게감을 확인하고
구입할 것. 나무나 플라스틱 소재의 액세서리도 마찬가지다.

5 스타일링에 자신 있다면 여성 액세서리 코너도 구석구석 살펴라

남들보다 튀길 원하는 사람이라면 H&M에서는 여성 아이템 섹션을 놓치지 말길.
살이 쪄서 혹은 여자 옷을 남자인 내가 어떻게 입느냐고? 옷이 아니라도 니트
워머나 털모자를 비롯한 각종 액세서리들이 유니섹스 모드로 많이 준비되어
있다. 어차피 따로 태그가 나눠진 것도 아닌데 적절하게 잘 고르면 현명한 쇼핑이
될 수 있을 것! 체구가 작다면 티셔츠 정도도 좋다.

UNIQLO 유니클로

1 청바지 사이즈는 핏별, 디자인별로 다르므로 꼼꼼히 입어보고 구입하라

스트레이트, 스키니, 배기 등 유니클로는 다양한 청바지 섹션이 구비되어 있다. 따라서 같은 유니클로 청바지라고 해도 핏별로 맞는 사이즈가 다르기 마련. 원래 자신의 허리 사이즈대로 구입했다가 점점 늘어나 핏이 달라지는 경우도 종종 있다. 시간을 넉넉히 두고 쇼핑할 것.

2 세일을 활용하면 남는 장사다

유니클로는 정기 세일이 아니더라도 전 세계적으로 아이템별로 계절과 관계없이 기습적인 세일을 한다. 어느 날은 카디건을, 어느 날은 코듀로이 재킷을 균일가로 팔고 있을 것. 또한 지점별로 물품 구색이 다르기도 하기 때문에 자신이 필요한 아이템이 많은 매장을 알아두는 것이 도움이 된다. 따라서 유니클로 마니아라면 자주 매장을 찾는 게 요령이다.

3 기본 면 티셔츠 구입에 제격!

여름이 아니더라도 기본 면 소재의 티셔츠는 겹쳐 입기 위해 1년 내내 즐겨 입는 아이템이다. 컬러와 네크라인도 다양하고 무엇보다 가격이 저렴하다. 단, 세탁을 잘못하면 줄어드는 경우가 많으니 한 사이즈 넉넉하게 구입하는 것이 좋다. 반팔 라운드 넥 티셔츠를 추천한다.

4 바지의 수선은 매장 서비스를 받지 말고 직접 하도록

유니클로를 비롯한 대부분의 매장은 바지 기장 수선을 해주는 서비스가 있다. 물론 공짜로 이용이 가능하지만 좀 더 자신의 몸에 맞게 입으려면 수선은 본인이 추후에 직접 하는 것이 좋다. 수선할 때는 무릎 밑으로 폭을 좀 줄이고 기장을 수선하는 것이 요령. 밑으로 갈수록 벙벙한 핏은 입었을 때 키를 작아 보이게 한다.

5 재킷이나 슈트는 블랙&화이트를 비롯한 모노톤의 기본 컬러 아이템을 먼저 구입하라

유니클로는 컬러풀한 아이템이 많아 눈이 즐겁다. 하지만 그러다보면 다소 튀는 컬러를 구입하여 집에 돌아와 매치하기 난감한 경우가 생기기 마련. 이너웨어는 배제하더라도 재킷이나 슈트 등 아우터는 블랙&화이트, 그레이&네이비 등 기본적인 컬러로 구입하고 이너웨어를 컬러감 있는 것으로 선택하는 것이 센스 있어 보인다.

ZARA 자라

1 구두를 사는 게 남는 거다!

자라에는 무엇보다 다양한 종류의 질 좋은 구두들이 즐비하다. 백화점에서
판매하는 남성 구두 브랜드보다 가격도 싸고 유행도 제대로 고려되어 있다.
우리나라 사이즈로도 표기가 되어 있으나 아무래도 외국 브랜드이므로 끈을
잘 묶어 살짝 걸어보고, 반드시 그 구두와 자주 매치할 양복 바지를 입은 채
구입하도록!

2 기본 셔츠 구입은 세일을 활용하자

또 하나, 자라의 매력은 정장용부터 캐주얼한 스타일의 셔츠들이 다양하게
준비되어 있다는 것. 하지만 가격이 만만치는 않다. 셔츠는 크게 유행을 타는
아이템은 아니므로 취향을 반영하여 세일 기간을 활용해보자. 기본 셔츠는 세일
때에도 다양한 컬러가 구비되어 있는데, 어디에나 받쳐 입기 좋은 하늘색 면
셔츠를 강추한다.

3 숍 매니저의 조언에 귀를 기울이자

자라의 경우 숍 매니저가 MD의 역할을 담당하는 경우가 많아 상품에 대한
정보가 풍부하다. 다음 달에 나올 아이템이나 세계 다른 매장에서 본 아이템,
혹은 국내에서 특별하게 소량 구입한 아이템 등 뭔가 특별한 쇼핑을 원한다면 숍
매니저를 찾도록. 이들이 입고 있는 옷의 매치도 집에 와서의 스타일링에 도움이
될 수 있다.

4 캐주얼한 블루종도 놓치지 마라

흔히들 자라에서는 정장 아이템이나 티셔츠 정도에 먼저 눈이 가기 마련. 하지만
자라에는 캐주얼한 데님이나 코듀로이 소재의 각종 블루종이 즐비해 있다.
단, 보통 L사이즈를 입었다면 M을 사볼 것. 외국 브랜드이기 때문에 보통 입는
사이즈보다 조금 클 수도 있다.

5 디스플레이된 유행 아이템보다는 매장 안쪽의 기본 아이템부터 구입하라

처음 자라에서 쇼핑을 할 경우에는 가장 유행하는 아이템이 걸려 있는 중앙의
마네킹부터 시선이 쏠리기 마련. 하지만 매달 옷을 마구 살 요량이 아니라면
블루종도 기본, 티셔츠도 기본, 슈트도 기본부터 마련해놓는 것이 남는 장사다.
세일 때 기본 아이템을 여러 컬러로 구비하는 것도 좋다.

최신 유명 디자이너로 무장한 핫한 멀티숍부터 디자이너의 감성이 느껴지는 슈트, 그리고 1만원대의 티셔츠가 즐비한 빈티지 숍까지 서울의 패션 숍을 제대로 즐길 줄 아는 남자야말로 진정한 멋쟁이다.

Neil Barrett 닐 바렛

짧은 가죽 블루종은 키가 커 보이는 데 가장 효과적인 데다 오래도록 입을 수 있는 아이템이다. 그렇다면 이런 아이템의 명가로 손꼽히는 디자이너 닐 바렛의 플래그십 스토어를 강력 추천한다. 가죽 블루종 외에도 모드적인 감성으로 모노톤의 의상을 잘 디자인하기로 유명한 닐 바렛답게 당신의 스타일 지수를 50%는 업그레이드할 수 있는 시크한 의상들이 빼곡하게 전시되어 있다.

주소 서울시 강남구 신사동 656-10 전화번호 02-546-4800

Comme des Garçons 콤데 가르송

동양의 신비가 담겨 있는 디자이너, 레이 가와쿠보의 감성을 만날 수 있는 콤데 가르송의 플래그십 스토어. 전형적인 형식과 틀에 얽매이는 것을 거부하는 전위적인 디자인도 멋지지만 플레이(Play) 라인의 다양한 표정과 컬러들의 하트 플레이 티셔츠 하나만 구입해도 핏과 디자인에서 키가 커 보이는 효과를 누릴 수 있다. 특히 체격이 왜소하다면 남녀 성의 한계를 넘는 의상들이 많으므로 보다 몸에 딱 맞는 사이즈의 의상을 고를 수 있을 것.

주소 서울 용산구 한남동 739-1 전화번호 02-749-1153

Tomgreyhound Downstairs
톰그레이하운드 다운스테어즈

이곳은 안과 밖이 이끼로 에워싸인 이끼 동산 지하 공간이며, 동화 속 앨리스가 빠져들어간 '도시 속의 토끼굴' 같다. 이름도 외우기 힘든 신진 디자이너의 컬렉션이 즐비한, 패션을 사랑하는 당신을 위한 놀이터 같은 곳. 베른하르트 빌헬름(Bernhard Willhelm), 헨릭 빕스코브(Henrik Vibscov), 메르시보쿠(Mercibeaucoup)와 같은 영 아방가르드를 즐기면서 다양한 패턴과 핏을 공부해보는 것도 좋을 듯.

주소 서울시 강남구 신사동 650-14 지하 1층 전화번호 02-3442-3696

Space Mue 스페이스 무이

파리의 콜레트, 밀라노의 코르소 코모, 뉴욕의 제프리 등 세계의 패션을 주도하는 도시에 있는 멀티숍과 어깨를 나란히 하는 멀티숍. 한마디로 이곳은 다수를 위한 대중적인 쇼핑 공간이 아니라 자연스러운 스타일을 즐기는 진정한 멋쟁이, 패션 피플들을 위한 새로운 개념의 패션 공간이다. 랑방, 지방시, 발렌시아가 등 유럽 감성의 하이패션의 정수를 가장 발 빠르게 만나볼 수 있다. 트렌드를 앞서간다면 반드시 가봐야 할 곳.

주소 서울시 강남구 청담동 93–6 　전화번호 02–3446–8074

A LAND 에이랜드

생지 데님 브랜드 A.P.C를 비롯하여 국내외 다양한 디자이너들이 펼치는 합리적인 가격대의 의상들을 한 번에 만날 수 있는 멀티숍. 전체적으로 젊은 디자인이 많아 남들과는 다른 감성으로 어필하고자 할 때 유용하다. 손님이 몰리는 주말보다는 평일 낮을 활용하면 누구의 구애도 받지 않고 다양한 옷을 입어보고 신중하게 구매할 수 있다.

주소 서울시 중구 명동2가 53–6 　전화번호 02–3789–1120
홈페이지 www.a-land.co.kr

Dare 데어

미국을 비롯한 외국에서 공수해온 고품질의 빈티지 아이템과 빈티지 아이템을 활용하여 재탄생된 리폼 아이템이 독특하다. 빈티지 의상들은 기성복과 매치했을 때는 센스 있는 남자로 어필할 수 있으며, 빈티지한 아이템들과 함께 매치하면 패션에 대한 남다른 고집을 느끼게 만든다. 이곳의 가장 큰 장점 중 하나는 합리적인 가격대. 5만원을 넘기지 않는 아이템이 즐비하므로 가벼운 마음으로 빈티지라는 코드를 즐겨보는 기회로 삼길.

주소 서울 강남구 신사동 644–22 　전화번호 02–547–5470

System Homme 시스템 옴므

'슬림&스타일리시'라는 브랜드 슬로건처럼 슬림하면서도 스타일리시한 룩을 추구하는 남성에게는 그야말로 적격인 브랜드. 특히 전 세계에서 시즌마다 유행하는 모드를 고스란히 반영하여 국내 남성복 브랜드 중에 가장 트렌드 세터들이 사랑하는 옷이기도 하다. 핏되고 짧은 기장의 재킷과 슬림한 핏의 바지가 일품인 슈트부터 키가 커 보이는 모든 아이템들을 다양하게 만나볼 수 있다,

주소 롯데 백화점 본점 외 　전화번호 02–3416–2552
홈페이지 www.system.co.kr

최신 뉴욕의 감성을 그대로 느낄 수 있는
맨해튼의 유명 멀티숍에서 패션부터 라이프스타일까지
글로벌하게 업그레이드해보자.

Opening Ceremony

오프닝 세레머니

패션에 대해 관심 좀 있는 사람이라면 이곳에 대해
익히 들어봤을 터. 자체 브랜드 오프닝 세레머니를
비롯해 아크네, 알렉산더 왕, 콤데 가르송, 밴드 오브
아웃사이더 등 독특한 브랜드를 한군데서 구경할 수
있는 데다가, 오프닝 세레머니와 패션 디자이너들의
한정판 콜라보레이션 아이템들도 종종 만날 수
있기 때문. 지난 2월, 에이스 호텔(Ace Hotel)에
오픈한 오프닝 세레머니는 지금 가장 인기 있는
공간으로 떠오르고 있다. 옷과 액세서리는 기본이요,
스타일리시한 트래블 아이템과 기념품을 함께
소개한다.

주소 35 Howard Street New York, New York 10013
전화번호 +1-212-219-2688
홈페이지 www.openingceremony.us

Buckler 버클러

영국 출신 남성복 디자이너 앤드루 버클러의 브랜드, 버클러가 미트 패킹과 소호에 있다. 버클러는 지퍼 하나, 버튼 하나가 예사롭지 않은, 디테일에 강한 브랜드로, 캐주얼하지만 클래식한 스타일을 즐겨 입는 이에게 뉴욕에서 가장 먼저 소개해주고 싶은 곳. 체구가 크지 않고 스키니한 보디를 가진 아시아 혹은 유럽 남자가 입었을 때 제대로 옷 태가 난다.

주소 13 Gansevoort Street New York NY 10012
전화번호 +1-212-255-1596 홈페이지 www.andrewbuckler.com

Oak 오크

서울에 있는 '데일리 프로젝트'와 흡사하다고 해야 할까. 20대 초반의 실험 정신이 강한 아방가르드한 아이템을 합리적인 가격에 구입하고 싶다면, 소호에 있는 멀티숍 오크로 갈 것. 블랙, 화이트, 그레이 등 모노톤을 베이스로 한 티셔츠 등 캐주얼하게 입을 수 있는 아이템들이 많다. 자체로 발간하는 잡지나 오크 자체 브랜드, 슈즈 등 액세서리 역시 볼 만하다.

주소 28 Bond Street New York NY 10012
전화번호 +1-212-677-1293 홈페이지 www.oaknyc.com

Assembly New York 어셈블리 뉴욕

로어 이스트 사이드에 숨겨진 보석 같은 멀티숍이라는 표현이 정답. 이유는 두말할 것도 없이 이곳만의 감도 높은 셀렉션이다. 로버트 겔러(Robert Geller), 베로니크 브란퀸호(Veronique Branquinho), 0044, 어셈블리 뉴욕 등 조금은 빈티지스러우면서, 화려하지 않지만 잔잔한 멋이 흐르는, 아방가르드하지만 과하지 않은, 그야말로 멋스러운 아이템이 여기에 다 있다. 물론 키 작은 사람에게도 어울린다, 단, 말라야 멋스럽다!

주소 174 Ludlow Street New York NY 10002
전화번호 +1-212-253-5393

Save Khaki 사바 카키

슬림한 핏 때문에 심지어 여자인 나도 벌써 반소매 티셔츠와 버튼다운 셔츠를 6개째 구입한 곳. 패션 디자이너 데이비드 뮬렌(David Mullen)의 라이프스타일 브랜드 세이브 카키는 이름에서 느껴지듯 코튼을 베이스로 한, 입는 순간 편안함을 주는 아이템들이 가득하다. 카키, 데님, 네이비 등 내추럴하면서 세련된 컬러감은 스타일리시함을 더해주는 요소. 소프트 코튼 스웨터, 버튼다운 셔츠, 데님 팬츠 등은 꼭 체크해야 할 아이템.

주소 1-327 Lafayette Street New York NY 10012
전화번호 +1-212-925-0134 홈페이지 www.savekhaki.com

키 작은 남자를 위한 사이즈가 특히 많은 도쿄의 멀티숍은 처음 입어봤을 때 느껴지는 어색함만 극복한다면 촌스러움은 물론이고 핏에 대한 고정관념까지 깰 수 있다.

Candy 캔디

10~20대의 젊은 감각을 지닌 남자라면 반드시 들러봐야 할 숍. 유럽이나 미국의 빈티지, 신진 디자이너의 독특한 아이템들로 가득하고 자유롭고 즐거운 스타일링을 컨셉트로 한다. 일본의 유명 패셔니스타를 비롯하여 국내에서 옷 잘 입기로 소문난 밴드인 빅뱅이나 2NE1 등이 시부야에 오면 꼭 들르는 숍으로도 유명하다.

주소 Tokyo Shibuyaku 18-4 Udagawa-cho FAKE 1F
전화번호 +81-3-5456-9891　홈페이지 www.candy-nippon.com

Elimintor 엘리민터

감성적이면서도 고급스러운 취향을 지닌 전문직 종사자에게 어울리는 곳. 좁은 건물의 1층과 2층은 스토어로, 3층은 갤러리로 활용하고 있는 셀렉트 숍이다. 요즘 가장 힙하다는 라프 시몬스(RAF SIMONS), 프레드 페리(FRED PERRY), 존 로렌스 설리번(JONE LAWRENCE SULLIVAN) 등의 디자이너 브랜드를 취급하고 있다.

주소 Tokyo Shibuyaku Dikanyamacho 10-1
전화번호 +81-3-3461-4481　홈페이지 www.eliminator.co.jp

1LDK

방 하나에 거실, 식당, 주방이 있는 집. 일상 속의 비일상을 컨셉트로 뉴스탠다드 스타일을 제안하는 셀렉트 숍이다. 가게 이름대로 1DLK방 배치에 따라 구획된 가게 안은 유럽과 미국의 수입 셀렉션과 일본 디자이너들의 제품이 절묘하게 믹스된 알맞은 균형감이 특징이다. 베이식한 아이템이지만 소재나 디테일의 품질 면에서 모델이나 패션업계 사람들을 사로잡는 곳이라고 한다.

주소 Tokyo Meguroku Kami-meguro 1-8-28 mansion-suzuka 1-A
전화번호 +81-3-3780-1645　홈페이지 www.idland.jp

Vendor 벤더

'WE FIND', 'WE SELECT', 'WE BUY', 'WE SELL TO LIVE FOR FUN'을 컨셉트로 독특한 시선의 앤티크하면서 자유분방한 스타일을 선보이고 있다. 재미있는 아이디어가 가득 담긴 의상뿐 아니라 음악이나 잡지, 책 등도 취급하는 토탈 셀렉트 숍.

주소 Tokyo Meguroku Aobadai 1-23-14 saito bld 1F
전화번호 +81-3-6452-3072

Cannabis 카나비스

패션과 떼려야 뗄 수 없는 음악과 컬처를 컨셉트로 아방가르드하면서 유니크한 아이템을 취급하는 셀렉트 숍. 유럽이나 일본 신진 디자이너들의 타이트한 스타일부터 빅 사이즈의 티셔츠까지 다양한 실루엣과 캔들 아티스트의 작품, 드럼 세트 등의 조화가 재미있다. 남들과 달라 보이는 감성을 추구한다면 반드시 들러볼 것!

주소 Tokyo Shibuyaku Jingumae 5-17-24 GB bld 2F 3F
전화번호 +81-3-5776-3014 홈페이지 www.hpfrance.com

Waingman Wassa 와잉맨 와사

오리지널 브랜드와 셀렉트가 조화된 독특한 구조의 멀티숍. 나카메구로에서만 8년째 영업 중인데 곧 하라주쿠에도 매장이 오픈한다. 이 숍이 무엇보다 반가운 것은 우리에게 꼭 맞는 작은 사이즈부터 나온다는 것. 사이즈의 스펙이 미국이나 한국과 달리 굉장히 다양하기 때문에 자신에게 걸맞은 핏을 발견하기 쉬울 것. 심지어 여자들도 꽤 구입하는 편이므로 커플 아이템을 고른다면 추천한다.

주소 Tokyo Meguroku Aobadai 1-23-5 1F
전화번호 +81-3-5773-5586 홈페이지 www.waingman.com

PEdAL.E.D 페달

국내에서도 인기를 모으는 자전거는 일본에서 그 열기가 먼저 시작되었다. 지금 소개하려는 '페달'처럼 자전거와 함께 시간을 즐긴다는 컨셉트의 사이클 웨어 전문 숍까지 있을 정도. 하이테크의 소재는 전혀 사용하지 않고 천연 소재인 면 헴프 오가닉 코튼과 헌옷, 폐재를 소재로 하고 있다. 자전거뿐 아니라 일상생활에서도 편하게 입을 수 있는 실루엣의 옷들과 모자, 액세서리 소품들, 아로마 향초 등을 판매하고 있다.

주소 Tokyo Meguroku Kami-meguro 1-13-11 RiversideNakameguro #102 전화번호 +81-3-5728-2413 홈페이지 http://pedaled.jp

키보다 커 보이는 남자 스타일

초판 1쇄 2010년 12월 8일
개정 3쇄 2013년 12월 23일

지은이 | 이현범

발행인 | 김우석
편집장 | 이정아
책임편집 | 정세영
마케팅 | 김동현 신영병 김용호 임정호 이진규
교정·교열 | 김미희
디자인 | 주시디자인컴퍼니(www.juicydesigncompany.com)
사진 | 김형식
스타일링 | 김봉법
일러스트 | 김현수
인쇄 | 영신사

발행처 | 중앙북스㈜
등록 | 2007년 2월 13일 제2-4561호
주소 | (121-904) 서울시 마포구 상암동 1651번지 상암DMCC빌딩 20층
구입문의 | (02)2031-1303
내용문의 | (02)2031-1373
팩스 | (02)2031-1399
홈페이지 | www.joongangbooks.co.kr

ⓒ이현범 2010
ISBN 978-89-278-0156-6 13590